Athanasios A. Panagiotopoulos
Evangelia K. Konstantinou

Exercícios de laboratório para Química Inorgânica Geral IV

Athanasios A. Panagiotopoulos
Evangelia K. Konstantinou

Exercícios de laboratório para Química Inorgânica Geral IV

ScienciaScripts

Prólogo

Ensinar e aprender química é um grande desafio. Especialmente no laboratório, exige um grande esforço tanto do professor como do aluno. A magia de aprender química em relação a qualquer outra ciência reside no facto de poder ser aprendida através da observação. A química é a combinação perfeita de teoria e experiência, observação e interpretação, e está no centro das ciências positivas.

O nosso objetivo ao escrever o guia de laboratório de química geral e inorgânica é apresentar uma série de experiências de química que sejam representativas de uma gama bastante ampla do campo da ciência química. Através das experiências, os alunos são expostos aos princípios básicos da química. As experiências são concebidas de modo a que seja efectuado um estudo multifacetado para interpretar cada experiência através de uma pesquisa bibliográfica. Desta forma, os alunos de cada área podem analisar e aprofundar os seus conhecimentos na perspetiva do seu interesse.

Este guia de laboratório inclui 2 módulos experimentais diferentes e mais de 20 exercícios de laboratório diferentes. Foi concebido para ser completado durante um semestre académico. Cada capítulo e secção inclui uma introdução ao tema em estudo, uma teoria detalhada e o aprofundamento dos princípios e métodos utilizados para realizar a respectiva experiência, bem como uma apresentação do tema de uma forma mais geral, dando a possibilidade de pesquisa e investigação adicionais. A parte experimental é escrita para ajudar professores e alunos com uma descrição pormenorizada do procedimento experimental. Os procedimentos experimentais são verificados quanto à sua correção por professores de química, tanto na

Grécia como no estrangeiro, e são referidos em publicações de revistas e livros de química de prestígio internacional.

Após a realização de cada exercício laboratorial, os alunos são convidados a descrever o procedimento experimental que seguiram, as suas observações e todos os pormenores que os ajudarão a compreender a essência da experiência. As questões concebidas para cada experiência, pretendem a continuação da experiência para além dos limites do laboratório, pretendem a pesquisa bibliográfica e a investigação, através da qual compreenderão plenamente todos os pormenores da experiência que realizaram. As fontes bibliográficas apresentadas no final de cada capítulo também ajudam neste sentido.

O guia de laboratório de química orgânica foi redigido em circunstâncias muito difíceis. Foi feito um enorme esforço para eliminar erros e omissões. Todos os livros devem melhorar e seguir o curso do desenvolvimento da ciência que promovem. É por isso que teremos todo o gosto em receber comentários e possíveis correcções.

Concluindo este prefácio, vale a pena registar a opinião de Aristóteles sobre a experiência e o seu valor... <<*Dos muitos conceitos de experiência, um em absoluto diz respeito a percepções semelhantes... que a experiênciu de cada um é conhecimento, e a arte de nenhum*>>.

Os autores,

Athanasios A. Panagiotopoulos
Evangelia K. Konstantinou

Agradecimentos

Escrever um livro é uma tarefa difícil, é simultaneamente um grande desafio e uma responsabilidade. Requer tempo, esforço, dedicação.

Por esta razão, agradecemos às nossas famílias pelo seu apoio inabalável, porque conseguiram estar presentes e tornar tudo mais fácil. Agradecemos à família de Athanasios (Antonis, Eleni e Victoria) e de Evangelia (Konstantinos, Chryssi, Maria e Dimitris) que estão ao nosso lado em todos os momentos.

Agradecemos aos nossos excelentes professores e mestres, ao longo de todos estes anos, que nos deram todas essas provisões espirituais, a sede de busca, a teimosia de não desistir.

Agradecemos aos nossos amigos por todos os momentos que nos proporcionaram e acompanham. Momentos que valeriam a pena escrever livros inteiros.

Dedicamos o nosso livro a todos eles. A todos vós que não desistem quando é difícil. Onde ficam para lutar pelos vossos sonhos. Não me digas. Onde lutam pela justiça. Onde dão a vossa alma pela justiça. A todos os cientistas que vêem a sua ciência como uma arte e um dever indivisível para com os nossos semelhantes e não como uma profissão.

Regras de segurança

Regras de segurança:

As regras básicas de segurança num laboratório de química são as seguintes:

1. Usar um avental de proteção no laboratório. Deve usar vestuário que cubra todo o corpo por cima do avental. É proibido o uso de roupa curta e sapatos abertos. O cabelo comprido deve ser atado para trás, pois pode incendiar-se, ficar preso em aparelhos eléctricos e entrar em contacto com vários produtos químicos.

2. São necessários óculos de proteção durante as experiências. Os óculos de proteção devem ser usados por todas as pessoas no laboratório, mesmo durante curtos períodos de tempo.

3. Não comer ou beber no laboratório.

4. Todos os seus objectos pessoais devem ser guardados em cacifos especiais fora do laboratório.

5. É estritamente proibida a entrada nas áreas de laboratório sem autorização do seu orientador académico.

6. É proibido fumar e utilizar telemóveis no laboratório e nos corredores.

7. Para reduzir a possibilidade de acidentes laboratoriais, as saídas do laboratório não devem ser bloqueadas, assim como devem ser evitadas deslocações desnecessárias do local de trabalho.

8. Todos devem tratar o seu trabalho com seriedade e responsabilidade.

9. As saídas do laboratório devem ser facilmente acessíveis e estar sempre em boas condições.

10. É proibido sair do laboratório com luvas ou aventais.

11. Os laboratórios e o edifício em que estão instalados devem estar equipados com sistemas de deteção de incêndios, alarmes e sistemas automáticos de extinção de incêndios.

12. Em caso de acidente, o pessoal do laboratório deve ser imediatamente avisado para prestar os primeiros socorros.

13. Deve existir uma farmácia móvel no laboratório e a sua localização deve ser visível para todos.

14. É proibido tratar voluntariamente de acidentes sem a ordem do instrutor responsável.

15. É proibido tentar efetuar vários procedimentos laboratoriais, exceto se o professor responsável tiver sido informado.

16. É proibida a realização de experiências sem um conhecimento completo dos riscos e dos pormenores da experiência. Os alunos devem preparar teoricamente as suas experiências antes de entrarem no laboratório.

17. É estritamente proibida a adulteração de protocolos e instruções experimentais.

18. Antes de efectuarem experiências, os alunos devem ser devidamente informados dos perigos de todos os reagentes utilizados. Todos os reagentes químicos utilizados têm um sinal de perigo (http://hazard.com).

19. É estritamente proibida a transferência de instrumentos, produtos químicos e equipamentos para fora do laboratório.

20. Todas as experiências devem ser efectuadas num exaustor.

21. Apenas os materiais necessários para efetuar os procedimentos experimentais devem estar presentes na hotte. Cadernos e livros só são permitidos fora da chaminé.

22. A zona de trabalho deve ser cuidadosamente limpa antes e depois de cada experiência.

23.   O chão do laboratório deve ser mantido sempre limpo e seco. Se forem derramados reagentes químicos no chão, deve contactar imediatamente o pessoal do laboratório.

24.   É proibido aquecer solventes inflamáveis e sistemas fechados com uma chama aberta.

25.   A utilização de ácidos e bases deve ser objeto de cuidados especiais. Se o ácido ou a base entrar em contacto com as mãos ou os olhos, lavar abundantemente com água. Avisamos sempre o responsável pelo laboratório.

26.   Deve ser dada especial atenção à gestão dos resíduos. Os laboratórios devem dispor de contentores de recolha para resíduos aquosos, orgânicos e orgânicos clorados. Não deitar produtos químicos no lava-loiça.

27.   Os laboratórios devem ter caixotes do lixo especiais para objectos partidos e afiados.

28.   No final de cada dia de laboratório, cada equipa de laboratório deve limpar e devolver o equipamento usado ao local onde o recebeu.

29.   As áreas comuns são limpas por uma equipa de limpeza especial.

30.　　A maioria dos acidentes é causada por descuido ou negligência, pelo que deves ter cuidado com todos os teus movimentos durante a experiência.

Primeiros socorros:

Os conselhos básicos para os primeiros socorros no laboratório são os seguintes

1. A água nem sempre é o melhor agente extintor quando deflagra um incêndio num laboratório. Em qualquer caso, todos os materiais inflamáveis devem ser removidos, a energia deve ser desligada e a fonte do fogo deve ser coberta com um pano húmido ou areia. Além disso, na maioria dos casos, é necessária a utilização de um extintor de incêndio adequado.

2. Em caso de choque elétrico, desligue imediatamente a alimentação.

3. Em caso de acidente com um ácido ou uma base, lavar as zonas afectadas com água abundante. Consulto sempre o responsável pelo laboratório.

4. Em caso de fuga de produtos químicos no exaustor, o exaustor é selado com vidro e o professor responsável é informado.

5. No caso, mesmo que suspeite que o ácido fluorídrico caiu sobre si, informe imediatamente o professor responsável. Não te mexas muito porque este ácido é tão tóxico e perigoso que

penetra muito rapidamente nos tecidos. Enxaguar a superfície da pele com água abundante durante mais de 15 minutos.

6. Deve ser dada especial atenção aos compostos orgânicos. A maior parte dos reagentes orgânicos são venenosos e perigosos. Se entrar em contacto direto com eles, informe o responsável do laboratório.

7. Em caso de inalação de vapores tóxicos, as pessoas devem ser retiradas para um local aberto. Pode ser administrada uma ligeira dose de amoníaco se estes vapores forem considerados ácidos.

8. No caso de uma grande quantidade de ácido cair sobre uma pessoa, esta é retirada com muito cuidado e rapidamente do laboratório, sob os chuveiros especiais que existem. Deitar fora toda a água para evitar queimaduras irreparáveis.

9. Para queimaduras, aplicar ácido pícrico ou solução de etanol. Em seguida, utilizar uma pomada e fixar o local.

10. Se ocorrer um acidente com óculos partidos, lave a ferida com água, etanol e oxigénio diluído. Utilizar gaze e uma ligadura.

11. Sempre em caso de acidente, mantemos a calma e avisamos o responsável pelo laboratório.

Medidas de segurança adicionais :

Para reduzir as probabilidades de acidentes no laboratório, é necessário adotar as seguintes medidas de segurança:

1. O local de trabalho deve estar sempre limpo e organizado.

2. Não tocar em pipetas que não se saiba terem sido utilizadas.

3. É proibida a utilização de luvas usadas.

4. No caso de experiências com compostos altamente tóxicos, é necessária a utilização de luvas de proteção duplas.

5. Não alterar as posições dos reagentes.

6. É estritamente proibido utilizar sifões com doseadores defeituosos.

7. É estritamente proibido sifonar produtos químicos com a boca.

8. Utilizar sempre as quantidades necessárias de reagentes e não mais do que isso. As experiências são concebidas e testadas para garantir a segurança.

9. Não introduzir pipetas ou pipetas nos frascos de reagentes.

10. Não devolver os restos de produtos químicos aos respectivos frascos. Informar o professor responsável.

11. A inalação, a ingestão e qualquer tipo de controlo organolético dos produtos químicos são estritamente proibidos.

12. Os frascos de reagentes devem ser tapados quando não estão a ser utilizados.

13. É proibida a utilização de aparelhos eléctricos defeituosos.

14. Nos casos em que é utilizada argamassa, esta deve ser coberta.

15. Não apontar os bicos dos tubos de ensaio para si ou para as pessoas à sua volta.

16. Não deitar compostos e soluções no lava-loiça.

17. Não utilizar objectos de vidro partidos.

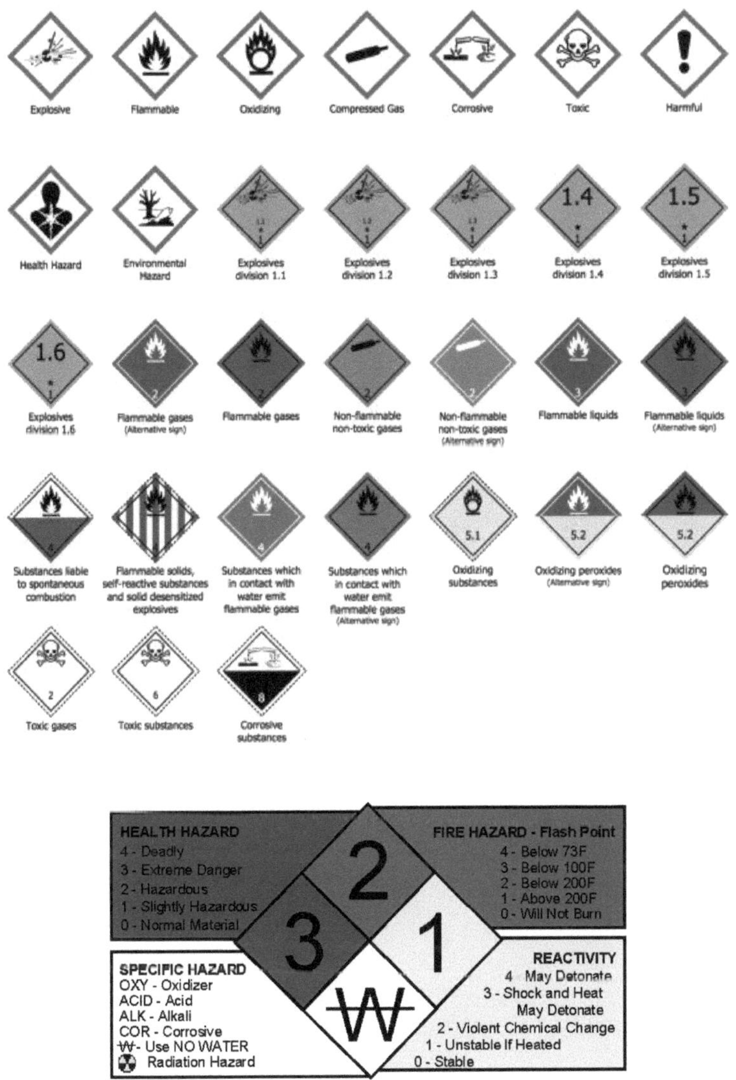

Figura-1: Alguns dos símbolos de perigo mais básicos dos reagentes químicos.

1

Titulação

A titulação é o processo de quantificação de uma substância através da medição do volume de uma solução de uma concentração conhecida de outra substância necessária para reagir completamente com a substância original.

A análise volumétrica é um dos métodos analíticos mais úteis e amplamente aplicados. Na análise volumétrica, uma substância é quantificada através da medição do volume de uma solução de um reagente de concentração conhecida necessário para reagir quantitativamente com um volume conhecido de solução da substância.

A solução padrão ou titulante é a solução reagente cuja concentração é conhecida com exatidão. Uma bureta é o instrumento para adicionar e medir o volume da solução padrão. Titulação ou titulação é o processo no qual uma solução padrão é lentamente adicionada de uma bureta a uma solução de uma substância até que a reação esteja completa **(Figura-1.1)**. O volume necessário para a titulação é encontrado a partir da diferença entre a leitura inicial e a leitura final da bureta. O ponto de equivalência é o ponto da reação em que a quantidade de solução adicionada é quimicamente equivalente à quantidade de substância a analisar na amostra.

O ponto equivalente é um ponto teórico e não pode ser determinado experimentalmente. A retrotitulação é o processo em que, por vezes, é necessário adicionar um excesso de solução padrão à substância a analisar e, em seguida, determinar a quantidade de solução padrão que não reagiu através da adição de uma nova solução padrão.

O ponto final é o ponto da reação em que se considera que a titulação terminou e que pode ser detectado experimentalmente por alguma alteração nas propriedades físicas ou químicas da solução (por exemplo, mudança de cor, formação de um precipitado, etc.). Na prática, muitos produtos químicos não favorecem o aparecimento de tais alterações macroscópicas. Nestes casos, é adicionada uma terceira substância que reage apenas quando a reação principal está completa. Estas substâncias são designadas por indicadores e provocam o aparecimento ou desaparecimento da cor, a mudança de uma cor para outra, ou o aparecimento ou desaparecimento da turvação da solução. O erro de titulação é a diferença entre o ponto final e o ponto equivalente.

As condições para a utilização de uma reação química na análise volumétrica são

- A reação deve ser estequiométrica.
- A reação deve ser quantitativa.
- A reação deve ser rápida.
- Deve existir uma forma de determinar o parâmetro (indicadores ou métodos físico-químicos).

A classificação dos métodos volumétricos de análise de acordo com o tipo de reação química distingue-se em

1) titulações.
2) Medições volumétricas redox.
3) volumes (formação de precipitação).
4) Titulações complexométricas (formação de compostos complexos, por exemplo, Ca^{+2} com EDTA).

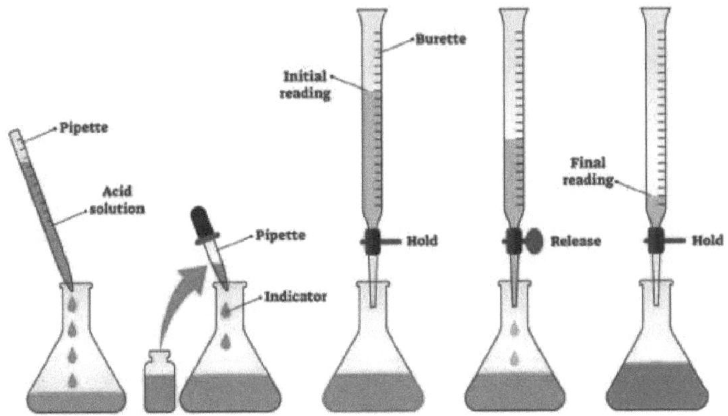

Figura-1.1: O processo experimental geral de titulação.

2. Teoria

2.1 Medidas de neutralização

A titulação é um processo de determinação da quantidade de um ácido (ou base) através da medição do volume mínimo necessário de uma base (ou ácido) de concentração conhecida para completar a reação ácido-base.

Na oximetria, as bases são determinadas volumetricamente, enquanto na alcalimetria são determinados os ácidos. A reação que ocorre é a seguinte:

$$H^+ + OH^- \rightarrow H\,O_2$$

Para efetuar a medição do volume, é necessário um instrumento especial de alta precisão chamado bureta. Numa titulação existe o ponto de equivalência. Este ponto na titulação é o ponto em que as quantidades estequiometricamente necessárias de ácido-base foram adicionadas. Essencialmente, o ponto equivalente é determinado pela alteração da cor da solução resultante da adição de um indicador adequado. A curva de titulação é uma curva que mostra a alteração do pH com a quantidade adicionada de reagente de bureta. Uma curva de titulação para o caso em que um ácido forte é titulado a partir de uma base é mostrada na **Figura-1.2.**

Como se pode ver na figura, o pH nas fases iniciais da neutralização é baixo, como esperado. A solução contém ácido, resultando num pH baixo. À medida que a base é adicionada, o pH começa a aumentar gradualmente, primeiro ligeiramente e depois mais fortemente. Quando quase toda a quantidade equivalente de base tiver sido adicionada (cerca de 10 mL), observa-se um aumento acentuado do pH para valores elevados. Nesta altura, toda a quantidade de ácido foi neutralizada e a quantidade de base que resta dá o carácter básico da solução e o pH elevado. Na prática, observa-se a mudança de cor do indicador adicionado, que deve ser selecionado adequadamente de modo a mudar de cor na área do ponto equivalente.

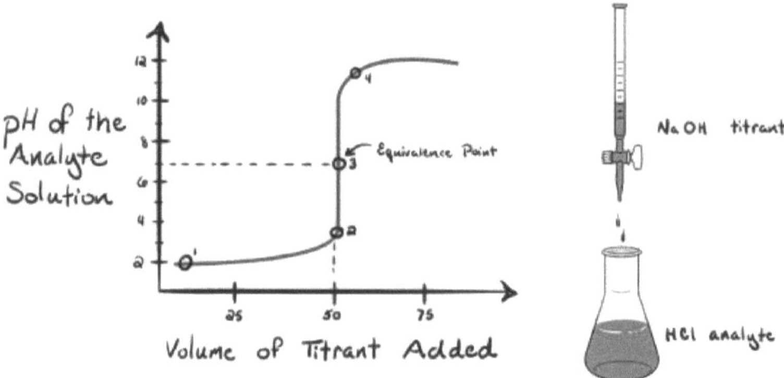

Figura-1.2: Curva de titulação de um ácido forte a partir de uma base forte.

O ponto em que o ponteiro muda de cor é o ponto final. A diferença de volume entre o ponto final e o ponto de equivalência é o erro da titulação. Na titulação de um ácido a partir de uma base forte, um indicador adequado é a fenolftaleína **(Figura 1.3)**.

Figura-1.3: Titulação de um ácido a partir de uma base forte com o indicador fenolftaleína.

Os ácidos podem ser fortes ou fracos **(Figura-1.4)**. No caso de um ácido forte, o pH no ponto de equivalência é 7, enquanto que quando um ácido fraco é titulado, o pH será inferior a 7 devido à hidrólise do anião. A fenolftaleína, por exemplo, tem uma região de mudança de cor a pH 8,3 - 10,0, pelo que é um indicador adequado para a titulação de ácidos.

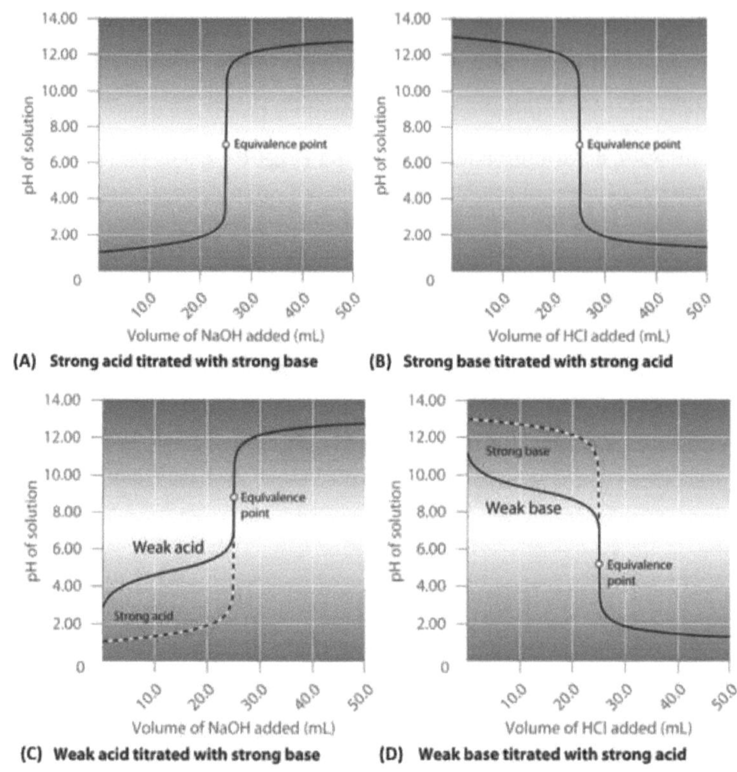

Figura-1.4: Diagramas de titulação de ácido forte para base forte (A), base forte para ácido forte (B), ácido fraco para base forte (C) e base fraca para ácido forte (D).

2.2 Medições volumétricas redox

As medições volumétricas redox constituem o maior grupo de métodos volumétricos de análise e são utilizadas para determinar tanto elementos inorgânicos como grupos caraterísticos de moléculas orgânicas. Para além das condições gerais que uma reação redox deve satisfazer antes de poder ser utilizada na análise volumétrica, deve ainda ocorrer uma única reação estequiométrica (ou, pelo menos, pode determinar-se qual a reação estequiométrica que ocorrerá ajustando rigorosamente as condições experimentais), uma vez que muitas substâncias reagem de acordo com mais do que uma reação ou dão origem a reacções secundárias (por exemplo, reagem com água ou oxigénio).

As titulações redox em sistemas iónicos são rápidas e é-lhes aplicada a técnica de titulação direta. Pelo contrário, na determinação da maioria dos compostos orgânicos, aplica-se a técnica de titulação de retorno. Em cada titulação redox, a substância a determinar deve estar quantitativamente (100%) no mesmo estado de oxidação. Caso contrário, deve ser reduzida ou oxidada através da adição do agente redutor ou oxidante adequado em excesso (uma vez que a quantidade da substância a analisar não é conhecida) antes da titulação.

Para poderem ser utilizadas, estas substâncias não devem interferir com a titulação ou devem ser facilmente removidas ou destruídas, por exemplo, através da ebulição da solução (por exemplo, Cl_2, $Br_{2)}$, através do seu aquecimento (por exemplo, $H\,O_{22}$, $K\,S\,O_{227}$) ou através de filtração (por exemplo, $NaBiO_3$). Nas titulações redox, a determinação do ponto final é efectuada utilizando indicadores ou graficamente a partir da curva de titulação **(Figura 1.5)**.

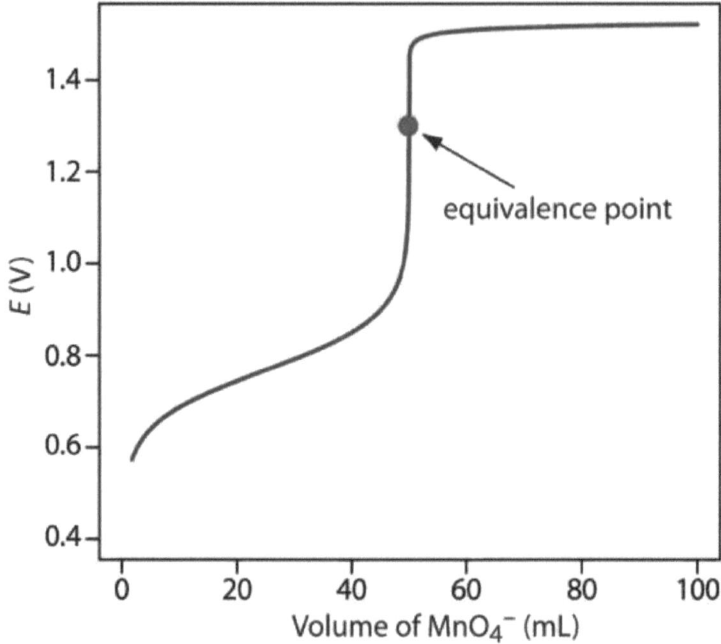

Figura-1.5: Diagrama de curva redox de titulação.

As substâncias oxidantes ou redutoras utilizadas nas titulações de reacções redox devem ser estáveis no solvente utilizado (geralmente água) ou, pelo menos, reagir a uma taxa muito baixa (negligenciável) com ele. As soluções padrão devem também ser fáceis de preparar e manusear. Os oxidantes mais comuns são: $KMnO_4$, $K_2 Cr O_{27}$, sais de Ce(IV), I_2, $KBrO_3$, HIO_4. Os agentes redutores mais comuns são: Fe^{+2} iões, arseniatos, oxalatos e $S O_{23}^{-2}$.

O $KMnO_4$ é um agente oxidante muito forte, é utilizado para a titulação de substâncias redutoras, servindo também como indicador, uma vez que um pequeno excesso do mesmo após o ponto de equivalência dá uma cor rosa à solução (Magnanometria) (**Figura-**

1.5). As semi-reacções habituais de redução do ião permanganato são as seguintes

a) em soluções ácidas fortes:

$$MnO_4^- + 8H^+ + 5e^- \leftrightarrows Mn^{2+} + 4H_2O \quad E_o = +1,51\ V$$

b) em soluções fracamente ácidas, neutras e fracamente alcalinas (pH = 2 - 12):

$$MnO_4^- + 4H^+ + 3e^- \leftrightarrows MnO_2 + 2H_2O \quad E_o = +1,69\ V$$

c) em soluções fortemente alcalinas:

$$MnO_4^- + e^- \leftrightarrows MnO E_4^{2-}{}_o = +0,564\ V$$

Nas titulações, a análise é normalmente efectuada num ambiente fortemente ácido.

2.3 Medições volumétricas complexométricas

As titulações complexométricas são muito utilizadas para determinar elementos metálicos. Na maioria dos casos, são utilizados como reagentes compostos orgânicos, cuja molécula contém determinados grupos, que são dadores de electrões e formam ligações de coordenação estáveis com iões metálicos.

A maioria dos iões metálicos reage com compostos que têm um ou mais pares de electrões disponíveis para formar compostos de inclusão ou iões complexos. O composto doador de electrões é designado por substituinte e deve ter pelo menos um par de electrões disponível para formar a ligação conjugada. Os substituintes inorgânicos comuns são a água, o amoníaco e os iões halogéneos.

O termo "número de integração" de um catião refere-se ao número de ligações combinadas que o catião tende a formar com os grupos doadores de electrões. Os valores comuns do número de integração são 2, 4 e 6. Os compostos resultantes podem ter carga neutra, positiva ou negativa. Por exemplo, o Cu(II), que tem um número de integração de 4, forma-se a) com NH_3 o complexo catiónico $[Cu(NH_3)_4]^{+2}$, b) com glicina o complexo neutro $[Cu(NH_2 CH_2 COO)_2]$ enquanto que com Cl^- o complexo aniónico $[CuCl_4]^{-2}$. Os métodos volumétricos baseados na formação de complexos são conhecidos desde o início do século XX [th]. No entanto, No entanto, a sua utilização generalizada em química analítica ocorreu mais tarde, após a descoberta de uma classe especial de compostos de inclusão, os compostos quelatos.

Em particular, quando um ião metálico é complexado através de dois ou mais grupos doadores de electrões de um único substituinte, temos a formação de um anel heterocíclico de cinco ou seis membros, o quelato. Por exemplo, considere o complexo de cobre com glicina. Neste caso, o cobre forma ligações com o oxigénio do grupo carboxilo e com o azoto do grupo amino:

$$Cu^{+2} + 2\ H_2N-CH_2-COOH \longrightarrow [\text{complexo quelato de Cu}] + 2H^+$$

Um substituinte que tem apenas um grupo doador de electrões é chamado monodentado, enquanto outros que têm dois grupos são chamados bidentados. Atualmente, são conhecidos substituintes tri-, tetra-, penta- e hexa-dentados. Como reagentes de titulação, os substituintes polidentados apresentam duas vantagens em relação aos substituintes monodentados: a) reagem rapidamente com os catiões e, por conseguinte, fornecem pontos finais de titulação mais nítidos e b) reagem com iões metálicos numa etapa típica, enquanto a formação de complexos com substituintes monodentados envolve mais duas etapas intermédias. De entre os ácidos aminopolicarboxílicos habitualmente utilizados em medições volumétricas complexométricas, o mais interessante é o ácido etilenodiaminotetracético (EDTA ou H_4Y).

O EDTA tem a seguinte estrutura:

A sua molécula tem seis locais potenciais de ligação para um ião metálico: 4 grupos carboxilo e 2 grupos amino, pelo que se trata de um substituinte hexadentado. As várias formas de DTA são geralmente apresentadas da seguinte forma:

H_4Y, $H Y_3^-$, $H Y_2^{2-}$, HY^{3-} e Y^{4-}. A forma que prevalecerá depende geralmente do pH da solução **(Figura-1.6)**. A ampla utilização do EDTA nas titulações complexométricas deve-se a certas vantagens que apresenta em relação a outros reagentes simplecticos:

a) O anião tetravalente do EDTA (Y^{4-}) forma complexos muito estáveis com a maioria dos iões metálicos numa proporção de 1:1 **(Figura-1.7)**.

b) Através de um controlo rigoroso do pH, podemos escolher o metaloion que será complexado.

c) O EDTA é comercializado sob a forma de sal dissódico Na H Y_{2222} O H, que é uma substância padrão com um grau de pureza satisfatório, que fornece bons pontos finais de titulação e que, além disso, é relativamente barata. Este sal é utilizado para preparar soluções padrão de EDTA, uma vez que o ácido $H_4 Y$ é insolúvel em água.

d) Todos os complexos metal/EDTA são solúveis.

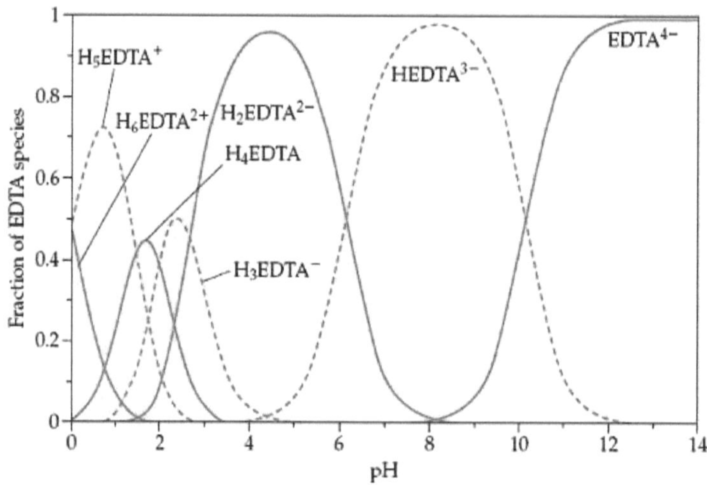

Figura-1.6: Gráfico da composição das soluções de EDTA em função do pH.

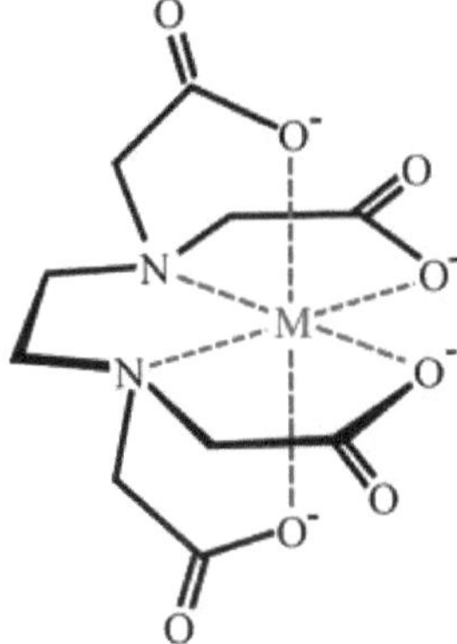

Figura-1.7: A estrutura geral do complexo metálico com EDTA.

2.4 Determinação da dureza da água

A utilização de água dura, ou seja, água que contém quantidades excessivas de sais dissolvidos, principalmente cálcio e magnésio, cria muitos problemas. Por exemplo, a água dura causa problemas em caldeiras a vapor e máquinas semelhantes porque o $CaCO_3$ deposita-se nas suas paredes quando a água é aquecida. Além disso, a água muito dura não é potável e causa problemas de saúde. Por estas razões, é necessário determinar a dureza da água para que, se for necessário, possam ser tomadas medidas para a amaciar.

A determinação da dureza da água é a aplicação mais importante das titulações complexométricas com EDTA. Normalmente determina-se a dureza total da água, ou seja, a soma do cálcio e do magnésio. Existem várias formas (graus de dureza ou graus esclerométricos) de exprimir a dureza da água:

1 Grau de dureza alemão, D_o = 1 mg CaO /100 ml de água

1 grau francês de dureza, F_o =1 mg $CaCO_3$ /100 ml de água

1 grau inglês de dureza, 1 grão (grão = 0,0648 gr) de $CaCO_3$ por galão (10.000 grãos) de água.

Nos EUA, a dureza é expressa em mg de $CaCO_3$ / l de água, ou seja, $CaCO_3$ partes por milhão (ppm).

O princípio do método é o seguinte: ao titular uma solução contendo iões Ca^{+2} e Mg^{+2} com EDTA, na presença do indicador Eriochrome Black T (EBT) a pH = 10, o cálcio é complexado primeiro e depois o magnésio. No final, verifica-se uma mudança de cor de vermelho (cor do complexo Mg-EBT) para azul (cor do indicador EBT livre a pH = 10). Por conseguinte, a quantidade de EDTA consumida representa o total de cálcio e magnésio. As reacções que ocorrem são as seguintes

$$2OH^{-3} + Ca^{+2} + Mg^{+2} \leftrightharpoons [CaY]^{-2} + [MgY]^{-2} + 2H^+$$

$$HY^{-3} + [MgD]^- \leftrightharpoons [MgY]^{-2} + DH^{-2}$$

Vermelho Ciano

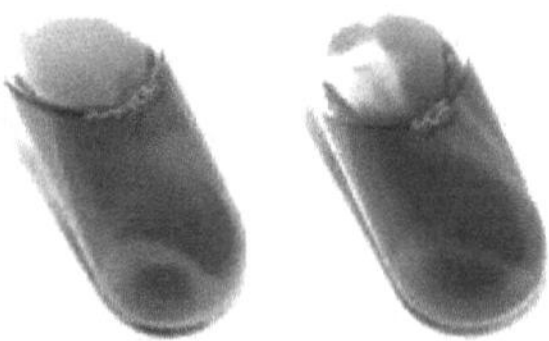

Em que: HY^{-3} : o anião principal do EDTA a pH = 10,

H_3 D: o índice EBT **(Figura-1.8)**.

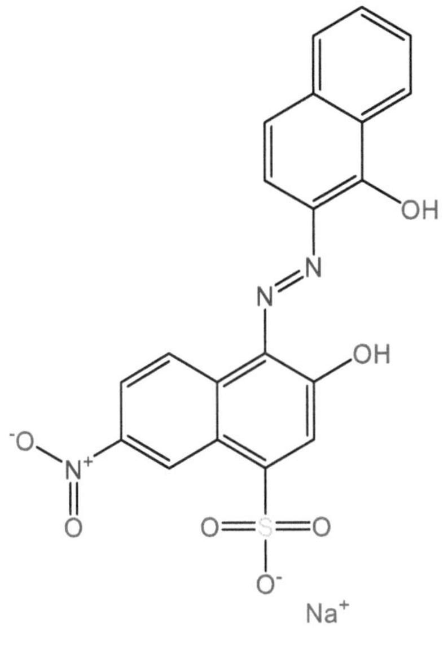

Figura-1.8: A estrutura do composto EBT.

3. Parte experimental

Objectivos da experiência:

Os objectivos da experiência são o estudo das metodologias de análise volumétrica através da oximetria, alcalimetria, complexometria e manganiometria. Em particular, preparam-se 250 ml de solução de ácido oxálico de normalidade N = 0.1 N (Experiência A), determinar o teor de uma solução desconhecida de NaOH (Experiência B), determinar a composição de uma solução desconhecida de $Na_2\,CO_3$ - $NaHCO_3$ (Experiência C), determinar o teor de uma solução desconhecida de ácido sulfúrico ($H_2\,SO_{4)}$ (Experiência D), determinar o teor de uma solução desconhecida de ácido acético ($CH_3\,COOH$) (experiência E), determinar o teor dos catiões cálcio (Ca^{+2}) e magnésio (Mg^{+2}) numa solução desconhecida (experiência F) determinação indireta do teor de catiões de magnésio (Mg^{+2}) numa solução desconhecida contendo catiões de cálcio (Ca^{+2}) e de magnésio (Mg^{+2}) (Experiência G), determinação da dureza da água de beber (Experiência H), determinação do teor de catiões férricos (Fe)$^{+3}$ numa solução desconhecida (Experiência I) e determinação do teor de aniões oxalato (COO)$^-_2$ numa solução desconhecida (Experiência K).

Materiais e dispositivos necessários:

→ Ácido oxálico di-hidratado $(COOH)_2 \cdot 2H\,O_2$

→ Cloreto de amónio ($NH_4\,Cl$)

→ Solução aquosa de ácido oxálico $(COOH)_2$ normalidade N = 0,1 N

→ Solução aquosa de amoníaco ($NH_4\,OH$) com teor de 25% p/p e densidade d = 0,9 gr/mL

→ Solução aquosa de ácido etilenodiaminotetracético (EDTA) concentração C = 0,01 M

→ Solução aquosa de sódio cáustico (NaOH) de normalidade N = 0,1 N

→ Solução aquosa de ácido clorídrico (HCl) de normalidade N = 0,1 N

→ Solução aquosa de ácido sulfúrico ($H_2\,SO_4$) de regularidade N = 2 N

→ Solução aquosa de permanganato de potássio ($KMnO_4$) concentração C = 0,01 M

→ Uma solução aquosa de sódio cáustico (NaOH) de teor desconhecido

→ Uma solução aquosa de ácido sulfúrico ($H_2\,SO_4$) de teor desconhecido

→ Uma solução aquosa de ácido acético ($CH_3\,COOH$) de teor desconhecido

→ Uma solução aquosa de catiões de cálcio (Ca^{+2}) e magnésio (Mg^{+2}) de teor desconhecido

→ Uma solução aquosa de carbonato de sódio (Na_2CO_3) e de hidrogenocarbonato de sódio ($NaHCO_3$) de teor desconhecido

→ Uma solução aquosa de tricloreto de ferro ($FeCl_3$) de teor desconhecido

→ Uma solução aquosa de aniões oxalato $(COO)^{-}_{2}$ de teor desconhecido

→ Indicador fenolftaleína $(C\,H\,O)_{20144}$

→ Indicador laranja de metilo ou heliantina $(C\,H\,N_{14143}\,NaO_3\,S)$

→ Indicador Eriochrome Black T $(C\,H\,N_{201237}\,OSNa,\ EBT)$

→ Índice de monóxido

→ Indicador de ácido sulfossalicílico $(C\,H\,O_{766}\,S)$

→ Metanol (CH_3OH)

→ Etanol (CH_3CH_2OH)

→ Água desionizada (H_2O)

→ Amostra de água potável

→ Copos de 100 ml

→ Frasco volumétrico de 250 ml

→ Cilindro volumétrico de 100 ml

→ Bureta de 50 ml

→ Sifão de enchimento de 10 ml

→ Balança analítica

→ Placa de aquecimento

→ Frasco cónico de 250 ml

→ Funil de vidro

→ Vidro de relógio

→ Espátulas de plástico

→ Espátulas de vidro

→ Pipetas Pasteur e poir

Procedimento experimental:

A. Preparação de 250 ml de solução de ácido oxálico de normalidade N = 0,1 N

Em primeiro lugar, a quantidade de ácido oxálico di-hidratado sólido $(COOH)_2 \cdot 2H_2O$ é calculada com exatidão, pesada e introduzida num copo de 100 ml. Em seguida, adicionam-se 20 ml de água desionizada (H_2O) ao ácido oxálico branco e transfere-se cuidadosamente a solução para um balão volumétrico de 250 ml. O copo utilizado é lavado com água desionizada e as lavagens são igualmente adicionadas ao balão volumétrico, de modo a que todo o sólido pesado seja transferido para o mesmo. Por fim, adiciona-se água desionizada ao balão volumétrico até ao traço de aferição e, em seguida, tapa-se e agita-se, de modo a tornar a solução homogénea.

B. Determinar o teor de uma solução desconhecida de NaOH

Para determinar o teor da solução aquosa de sódio cáustico (NaOH), utiliza-se como solução-padrão a solução aquosa de ácido oxálico $(COOH)_2$ preparada anteriormente. Esta solução é cuidadosamente introduzida na bureta. Com a ajuda de um sifão de enchimento, transferem-se 10 ml de uma solução aquosa de sódio cáustico (NaOH) desconhecida para um erlenmeyer de 250 ml. A solução é diluída com 90 ml de água desionizada $(H_2 O)$ e 4 a 5 gotas de indicador de fenolftaleína $(C H O_{20144})$. Com a adição do indicador, a solução adquire uma coloração vermelha. A solução é titulada com ácido oxálico até ao desaparecimento da cor vermelha da solução. Repetir a titulação pelo menos mais duas vezes, até que os resultados de cada titulação não difiram entre si em mais de 0,1 - 0,2 ml. As observações são registadas e o quadro seguinte é completado **(Quadro-1.1)**.

Tabela-1.1: Dados e cálculos para a experiência de determinação do teor de uma solução de NaOH desconhecida.

Dados	Valor
Solução de NaOH utilizada (ml)	
Volume da solução de $[(COOH)_2]$ consumido (ml)	
Normalidade da solução $[(COOH)_2]$ (N)	
Normalidade da solução de NaOH (N)	
% w / v da solução de NaOH	

C. Determinar a composição de uma solução desconhecida de Na₂

CO₃ - NaHCO ₃

CO$_3$ - NaHCO$_3$

Com uma pipeta de enchimento, transferir 10 ml de uma solução aquosa desconhecida de carbonato de sódio (Na$_2$ CO$_3$) - hidrogenocarbonato de sódio (NaHCO$_3$) para um erlenmeyer de 250 ml. A solução é diluída com 90 ml de água desionizada (H$_2$ O) e 4 a 5 gotas de indicador de fenolftaleína (C H O$_{20144}$). Segue-se uma titulação com uma solução aquosa padrão de ácido clorídrico (HCl) de normalidade N = 0,1 N. No final da titulação, a cor vermelha da solução desaparece. O carbonato de sódio (Na$_2$ CO$_3$) é determinado por este método. Para determinar o bicarbonato de sódio (NaHCO$_3$), repete-se o mesmo procedimento, mas desta vez com heliantina como indicador (C H N$_{14143}$ NaO$_3$ S). A mudança de cor no ponto final será de laranja para vermelho. Com este processo, determinam-se tanto os carbonatos (CO$_3^{-2}$) como os iões bicarbonato (HCO$_3^2$). Para determinar o teor de bicarbonato de sódio (NaHCO$_3$) da solução, subtrai-se a quantidade de ácido clorídrico (HCl) consumida para determinar os carbonatos (CO$_3^{-2}$), pelo que a quantidade restante é a consumida para o carbonato ácido de sódio (NaHCO$_3$). Repetir cada titulação pelo menos mais duas vezes, até que os resultados de cada titulação não difiram entre si em mais de 0,1 - 0,2 ml. As observações são registadas e o quadro seguinte é completado **(quadro 1.2)**.

Tabela-1.2: Dados e cálculos para a experiência destinada a determinar a composição de uma solução desconhecida Na$_2$ CO$_3$ - NaHCO$_3$.

Dados	Valor
Volume de HCl consumido (1st titulação, ml)	
Volume de HCl consumido (2nd titulação, ml)	

Volume de Na$_2$ CO$_3$ - NaHCO$_3$ utilizado (ml)	
Normalidade da solução HCl (N)	
w / v teor da solução em Na$_2$ CO$_3$	
% w / v teor da solução em NaHCO$_3$	

D. Determinar o teor de uma solução desconhecida de ácido sulfúrico (H$_2$ SO)$_4$

Com uma pipeta de enchimento, transferir 10 ml de uma solução de ácido sulfúrico de concentração desconhecida (H$_2$ SO$_4$) para um erlenmeyer de 250 ml. Dilui-se a solução para 90 ml de água desionizada (H$_2$ O) e adicionam-se 4 a 5 gotas de indicador de heliantina (C H N$_{14143}$ NaO$_3$ S). Segue-se uma titulação com uma solução padrão de sódio cáustico (NaOH) de normalidade N = 0,1 N. No final da titulação, a cor da solução muda de vermelho para laranja. Repetir a titulação pelo menos mais duas vezes, até que os resultados não difiram entre si em mais de 0,1 - 0,2 ml. As observações são registadas e a tabela seguinte é completada **(Tabela-1.3)**.

Tabela-1.3: Dados e cálculos para a experiência de determinação do teor de uma solução desconhecida de ácido sulfúrico (H$_2$ SO$_4$).

Dados	Valor
Solução de NaOH consumida (ml)	
Volume de H$_2$ SO$_4$ solução utilizada (ml)	
Normalidade da solução de NaOH (N)	
% w / v teor de H$_2$ SO$_4$ solução	

E. Determinar o teor de uma solução desconhecida de ácido acético

(CH₃ COOH)

Com uma pipeta de enchimento, transferir 10 ml de uma solução aquosa desconhecida de ácido acético (CH_3 COOH) para um erlenmeyer de 250 ml. Dilui-se a solução com 90 ml de água desionizada (H_2 O) e adicionam-se 4 a 5 gotas do indicador fenolftaleína (C H O_{20144})). Segue-se a titulação com uma solução aquosa padrão de sódio cáustico (NaOH), de normalidade N = 0,1 N. No final da titulação, a cor da solução muda de incolor para vermelho. Repetir a titulação pelo menos mais duas vezes, até que os resultados não difiram entre si em mais de 0,1 - 0,2 ml. As observações são registadas e a tabela seguinte é completada **(Tabela-1.4)**.

Tabela-1.4: Dados e cálculos para a experiência de determinação do teor de uma solução desconhecida de ácido acético (CH_3 COOH).

Dados	Valor
Solução de NaOH consumida (ml)	
Volume da solução CH_3 COOH utilizada (ml)	
Normalidade da solução de NaOH (N)	
% w / v da solução CH_3 COOH	

F. Determinação do teor dos catiões cálcio (Ca^{+2}) e magnésio (Mg^{+2}) numa solução desconhecida

A determinação dos catiões cálcio (Ca^{+2}) e magnésio $(Mg)^{+2}$ em soluções desconhecidas efectua-se a pH = 10 e na presença do indicador Eriochrome Black T (C H N_{201237} OSNa, EBT), enquanto que apenas a determinação dos catiões cálcio (Ca^{+2}) se efectua a pH = 14 e na presença de um indicador de calcário ou de murexido. O pH = 14 é adequado para a determinação do cálcio (Ca^{+2}), uma vez que o magnésio (Mg^{+2}) se precipita sob a forma de hidróxido de magnésio [$Mg(OH)_2$]. Em ambos os casos, o ácido etilenodiaminotetracético (EDTA) é utilizado como reagente padrão. Para determinar os catiões acima referidos, começa-se por preparar a solução indicadora EBT, a solução indicadora de murexido, bem como a solução tampão de amoníaco ($NH_4\ OH$) - cloreto de amónio ($NH_4\ Cl$) com pH = 10. A solução indicadora EBT é preparada dissolvendo 0,5 g de EBT sólido em 100 ml de metanol ou álcool absoluto ($CH_3\ CH_2\ OH$, 100% v / v). A solução indicadora de murexido é preparada dissolvendo 0,5 g de sólido em 100 ml de metanol. A solução-tampão $NH_4\ OH$ - $NH_4\ Cl$ é preparada adicionando 7,0 g de cloreto de amónio sólido ($NH_4\ Cl$) a 57 ml de solução concentrada de amoníaco ($NH_4\ OH$), sendo a solução diluída até um volume de 100 ml com água desionizada ($H_2\ O$). Durante o processo de determinação quantitativa, 10 ml de uma solução desconhecida contendo iões cálcio e magnésio são transferidos com uma pipeta de enchimento para um erlenmeyer de 250 ml. Em seguida, adicionam-se 5 ml de solução-tampão $NH_4\ OH$ - $NH_4\ Cl$ e 5 a 6 gotas de indicador EBT. Segue-se a titulação com uma solução aquosa padrão de EDTA de concentração C = 0,01 M. No final da titulação, a cor vermelha da solução torna-se azul. Com este procedimento, o cálcio e o magnésio são determinados quantitativamente. A titulação é repetida pelo menos mais 2 vezes, até que os resultados não difiram entre si em mais de 0,1 - 0,2 ml. As observações são registadas e a tabela seguinte é completada **(Tabela-1.5)**.

Tabela-1.5: Dados e cálculos para a experiência para encontrar o conteúdo dos catiões cálcio (Ca^{+2}) e magnésio (Mg)$^{+2}$ numa solução desconhecida.

Dados	Valores
Solução de EDTA consumida (ml)	
Volume da solução desconhecida utilizada (ml)	
Concentração da solução de EDTA (M)	
Teor de Ca^{+2} e Mg^{+2} % p / v da solução	

G. Determinação indireta do teor de catiões magnésio (Mg^{+2}) numa solução desconhecida que contenha cálcio (Ca^{+2}) e catiões magnésio (Mg)$^{+2}$

Transferir para um erlenmeyer de 250 ml 100 ml de uma solução desconhecida que contenha catiões de cálcio (Ca^{+2}) e magnésio (Mg^{+2}), 5 ml de solução aquosa de sódio cáustico (NaOH), de concentração C = 2 M e 0,1 g ou 5 - 6 gotas de indicador murexídico. Em seguida, adicionam-se 5 ml de solução-tampão de amoníaco (NH_4 OH) - cloreto de amónio (NH_4 Cl) com pH = 10. Segue-se a titulação com uma solução aquosa padrão de EDTA de concentração C = 0,01 M. No final da titulação, a cor rosa da solução muda para violeta. Com este procedimento, apenas os catiões de cálcio (Ca^{+2}) são determinados quantitativamente e, subtraindo este valor ao teor determinado na experiência F (Ca^{+2} e Mg^{+2}), o teor de catiões de magnésio é também indiretamente determinado (Mg^{+2}). A titulação é repetida pelo menos mais duas vezes, até que os resultados não difiram entre si em mais de 0,1 - 0,2 ml. As observações são registadas e o quadro seguinte é completado **(quadro 1.6).**

Tabela-1.6: Dados e cálculos para a experiência de determinação indireta do teor de catiões magnésio (Mg^{+2}) numa solução desconhecida contendo cálcio (Ca^{+2}) e catiões magnésio (Mg^{+2}).

Dados	Valor
Solução de EDTA consumida (ml)	
Volume da solução desconhecida utilizada (ml)	
Concentração da solução de EDTA (M)	
Teor de Ca^{+2} e Mg^{+2} % p / v da solução	
Ca^{+2} % w / v teor da solução	
Mg^{+2} % w / v teor da solução	

H. Determinação da dureza da água potável

Durante o processo de determinação da dureza da água potável, com a ajuda de um cilindro volumétrico, medem-se 100 ml de água potável e transferem-se para um frasco cónico de 250 ml. Em seguida, adicionam-se 5 ml de solução-tampão $NH_4 OH$ - $NH_4 Cl$ e 5 a 6 gotas de indicador EBT. Segue-se a titulação com uma solução aquosa padrão de EDTA de concentração C = 0,01 M. No final da titulação, a cor vermelha da solução muda para azul. A titulação é repetida pelo menos mais duas vezes, até que os resultados não difiram entre si em mais de 0,1 - 0,2 ml. As observações são registadas e a tabela seguinte é completada **(Tabela-1.7)**.

Tabela-1.7: Dados e cálculos da experiência para determinar a dureza da água potável.

Dados	Valor
Solução de EDTA consumida (ml)	
Volume da amostra de água utilizada (ml)	
Concentração da solução de EDTA (M)	
Dureza da água em graus franceses	
Dureza da água em graus alemães	

I. Determinar o teor de catiões de ferro trivalentes (Fe^{+3}) numa solução desconhecida

Com uma pipeta de enchimento, transferir 10 ml de uma solução aquosa desconhecida de tricloreto de ferro ($FeCl_3$) para um erlenmeyer de 250 ml. Dilui-se a solução com 90 ml de água desionizada (H_2O) e adicionam-se 10 gotas do indicador ácido sulfossalicílico ($C H O_{766} S$). A solução acima tem um pH = 2,5 e é adequada para a determinação de catiões de ferro trivalentes (Fe^{+3}). Em seguida, procede-se à titulação com uma solução aquosa padrão de EDTA de concentração C = 0,01 M. No final da titulação, a cor vermelha da solução muda para amarelo-esverdeado, devido à formação do complexo [Fe^{III}(EDTA)] -. Repetir a titulação pelo menos mais 2 vezes, até que os resultados não difiram entre si em mais de 0,1 - 0,2 ml. As observações são registadas e o quadro seguinte é completado **(Quadro 1.8)**.

Tabela-1.8: Dados e cálculos para a experiência de determinação do teor de catiões férricos (Fe^{+3}) numa solução desconhecida.

Dados	Valor
Solução de EDTA consumida (ml)	

Volume da solução desconhecida utilizada (ml)	
Concentração da solução de EDTA (M)	
Teor % w / v em FeCl$_3$	
Teor % w / v em Fe^{+3}	

K. Determinar o teor de aniões oxalato (COO)$^-_2$ numa solução desconhecida

Com uma pipeta de enchimento, transferem-se 10 ml de uma solução aquosa desconhecida de aniões oxalato (COO)$^-_2$ para um erlenmeyer de 250 ml . A solução é diluída com 90 ml de água desionizada (H$_2$O) e, em seguida, adicionam-se 5 ml de uma solução aquosa de ácido sulfúrico (H$_2$SO$_4$) de regularidade N = 2 N. Em seguida, a solução é aquecida até 65° C. Segue-se uma titulação sem a presença de um indicador com uma solução aquosa padrão de permanganato de potássio (KMnO$_4$) com uma concentração de C = 0,01 M. Forma-se uma cor ligeiramente vermelha no final da titulação. Repetir a titulação pelo menos mais duas vezes, até que os resultados não difiram entre si em mais de 0,1 - 0,2 ml. As observações são registadas e o quadro seguinte é completado **(Quadro-1.9)**.

Tabela-1.9: Dados e cálculos para a experiência destinada a determinar o teor de aniões oxalato (COO)$^-_2$ numa solução desconhecida.

Dados	Valor
KMnO$_4$ solução consumida (ml)	
Volume da solução desconhecida utilizada (ml)	
Concentração da solução de KMnO$_4$ (M)	

<table>
<tr><td>Teor % w / v in (COO)⁻₂</td><td></td></tr>
</table>

$$\text{Teor } \% \ w/v \ in \ (COO)^-_2$$

Reacções-Propriedades-Observações:

1) A análise quantitativa de uma mistura de carbonato de sódio (Na_2CO_3) e bicarbonato de sódio ($NaHCO_3$) baseia-se nas diferenças apresentadas pelos dois sais. Concretamente, o carbonato de sódio (Na_2CO_3) é um sal que resulta da neutralização completa de um ácido fraco diprótico (H_2CO_3), com uma base forte ($NaOH$), enquanto o bicarbonato de sódio resulta da sua neutralização parcial. As constantes de dissociação dos dois ácidos diferem significativamente.

$H_2CO_3 \rightleftharpoons HCO_3^- + H^+$	$K_1 = 4.31 \times 10^{-7}$	$pK_{a1} = 6.36$
$HCO_3^- \rightleftharpoons CO_3^{2-} + H^+$	$K_2 = 5.6 \times 10^{-11}$	$pK_{a2} = 10.33$

2) Para selecionar o indicador ou indicadores a utilizar na análise volumétrica, é necessário conhecer o pH da solução de cada sal. Os cálculos do pH das soluções salinas de ácidos dipróticos ou polipróticos não são fáceis, como o são para os ácidos monopróticos. Assim, no caso da solução de Na_2CO_3 1 M , o cálculo do pH resulta da hidrólise do ião CO_3^{2-} .

$CO_3^{2-} + H_2O \rightleftharpoons HCO_3^- + OH^-$
$pH = {}^{1/2}(pKw + pK_{a2}) = {}^{1/2}(14 + 10{,}33) = 12.17$

3) Para calcular o pH do $NaHCO_3$, é necessário ter em conta simultaneamente a constante de dissociação do ácido e a constante de hidrólise do HCO_3^- .

$HCO_3^- + H_2O \rightleftharpoons H_3O^+ + CO_3^{2-}$	$pK_{a2} = 10.33$
$HCO_3^- + H_2O \rightleftharpoons H_2CO_3 + OH^-$	$pK_h = 7.62$

Como as duas constantes são muito diferentes, o pH da solução de NaHCO$_3$ é calculado a partir da média das duas constantes de dissociação do ácido carbónico.

$$\text{pH} = {}^{1/2}\,(pK_{a1} + pK_{a2}) = {}^{1/2}\,(6{,}36 + 10{,}33) = 8.34$$

4) Do que precede resulta que o pH do Na$_2$CO$_3$ é pH = 12,17 e o do NaHCO$_3$ é pH = 8,34 e   que os dois sais de uma mistura podem ser determinados com uma titulação se forem utilizados dois indicadores com pK diferentes. Assim, os índices da fenolftaleína (pK = 9,4) e da heliantina (pK = 3,7) são adequados. Com um indicador de fenolftaleína, determina-se o carbonato de sódio, que é convertido em bicarbonato de sódio com uma solução padrão de HCl. Esta conversão completa-se no ponto equivalente, quando a cor vermelha do indicador desaparece irreversivelmente. Dado que a neutralização de 1 mol de Na$_2$CO$_3$ requer estequiometricamente 2 equivalentes molares de HCl, o volume de solução de HCl necessário para a determinação do Na$_2$CO$_3$ é o dobro do volume consumido. Na titulação com o indicador fenolftaleína ocorre a primeira das seguintes reacções, enquanto que na titulação com o indicador heliantina ocorrem ambas.

$CO_3^{2-} + H^+ \rightleftharpoons HCO_3^-$
$HCO_3^- + H^+ \rightleftharpoons CO_2 + H_2O$

5) Para a determinação de $NaHCO_3$ com indicador de heliantina, determinam-se os carbonatos ácidos totais. Ou seja, o NaHCO original$_3$ e o que resultará da reação do $Na_2 CO_3$ com HCl. Subtraindo o dobro da quantidade de HCl necessária para o $Na_2 CO_3$ obtém-se a quantidade de HCl necessária para o $NaHCO_3$.

6) 1 ml de EDTA de concentração C = 0,01 M reage com 0,24 mg de iões magnésio ($Mg^{+2)}$.

7) 1 ml de EDTA de concentração C = 0,01 M reage com 0,40 mg de iões cálcio (Ca^{+2}).

8) Consoante o tipo de sais que contém, a dureza da água divide-se em permanente e temporária.

9) A dureza temporária da água é devida aos carbonatos ácidos solúveis de cálcio e magnésio. Estes sais podem, em determinadas condições, precipitar-se e ser eliminados.

10) A dureza permanente da água é devida aos cloretos e sulfatos solúveis de cálcio e magnésio.

11) A dureza da água é expressa em graus franceses ou alemães.

12) 1 grau francês = 1 mg $CaCO_3$ / 100 ml de água. Dado que o peso molecular do $CaCO_3$ é de 100 gr / mol, quando se determina a dureza da água com uma concentração de EDTA C = 0,01 M, os ml da solução-padrão a utilizar darão diretamente o número de graus franceses.

13) Grau alemão = 1 mg CaO / 100 ml de água.

14) É verdade que, $CaCO_3$ / CaO = grau francês / grau alemão = 1,7857.

15) 1 ml de EDTA de concentração C = 0,01 M reage com 0,56 mg de iões férricos (Fe^{+3}) .

16) 1 ml de EDTA de concentração C = 0,01 M reage com 1,625 mg de tricloreto de ferro ($FeCl_3$) (MB_{FeCl_3} = 162,50 gr / mol).

1. Escreve as tuas observações durante o processo experimental.

2. Completar os quadros correspondentes às experiências efectuadas.

3. Qual é a vantagem de uma solução padrão de ácido orgânico em relação a uma solução padrão de ácido clorídrico (HCl)?

4. Qual pode ser o efeito de um excesso de um indicador no resultado final de uma titulação e como se pode lidar com esse facto?

5. Em que é que os indicadores electrolíticos diferem dos indicadores complexométricos?

6. Qual é a vantagem de diluir uma solução desconhecida antes da titulação?

7. 50 mL de uma solução de hidróxido de cálcio [$Ca(OH)_2$] de concentração desconhecida são titulados com uma solução padrão de ácido clorídrico (HCl) de concentração C = 0,02 M, pelo que foram necessários exatamente 30 mL para atingir o ponto final da titulação. Qual é a concentração da solução de $Ca(OH)_2$?

8. Uma amostra de massa 0,5 g contém carbonato de sódio (Na_2CO_3) e outros materiais inertes. A amostra é dissolvida em água e a quantidade da solução formada é titulada com uma solução padrão de ácido clorídrico HCl de concentração C = 0,2 M. Para a reação

completa, foram consumidos 40 mL da solução padrão. Qual é o teor %w/w da amostra em Na_2CO_3?

5. Bibliografia

1. Whitney, WD; Smith, BE **(1911)**. "Titrimetria". O Dicionário e Ciclopédia do Século. The Century Co. p. 6504.

2. Compêndio de Prática Básica em Bioquímica. Universidade de Aarhus. **(2008)**. "Titrand". Dicionário de Ciência e Tecnologia. McGraw-Hill.

3. Szabadváry, Ferenc **(1993)**. History of Analytical Chemistry. Taylor & Francis. pp. 208-209. ISBN 2-88124-569-2.

4. Wisniak, Jaime **(2014)**. "François Antoine Henri Descroizilles". Revista CENIC Ciências Químicas. 45 (1): 184-193.

5. Szabadváry, Ferenc **(1966)**. História da Química Analítica. Traduzido por Gyula Svehla. Oxford, Inglaterra: Permagon Press. p. 237. ISBN 9781483157122.

6. Rosenfeld, L. **(1999)**. Four Centuries of Clinical Chemistry (Quatro Séculos de Química Clínica). CRC Press. pp. 72-75. ISBN 90-5699-645-2.

7. Matar, S.; LF Hatch **(2001)**. Chemistry of Petrochemical Processes (2nd ed.). Gulf Professional Publishing. ISBN 0-88415-315-0.

8. Patnaik, P. **(2004)**. Dean's Analytical Chemistry Handbook (2nd ed.). McGraw-Hill Prof Med/Tech. pp. 2.11-2.16. ISBN 0-07-141060-0.

9. Walther, JV **(2005)**. Essentials of Geochemistry. Jones & Bartlett Learning. pp. 515-520. ISBN 0-7637-2642-7.

10. Reger, DL; SR Goode; DW Ball **(2009)**. Química: Princípios e Prática (3rd ed.). Cengage Learning. pp. 684-693. ISBN 978-0-534-42012-3.

11. Harris, Daniel C. **(2007)**. Quantitative Chemical Analysis (7th ed.). Freeman and Company. ISBN 978-0-7167-7041-1.

12. Skoog, DA; West, DM; Holler, FJ **(2000)**. Analytical Chemistry: An Introduction (7th ed.). Emily Barrosse. pp. 265-305. ISBN 0-03-020293-0.

13. Henry, N.; MM Senozon **(2001)**. A equação de Henderson-Hasselbalch: Its History and Limitations. Journal of Chemical Education. pp. 1499-1503.

14. Vogel, AI; J. Mendham **(2000)**. Vogel's textbook of quantitative chemical analysis (6th ed.). Prentice Hall. p. 423. ISBN 0-582-22628-7.

15. Sociedade Alemã de Química. Divisão de Química Analítica **(1959)**. Fresenius' Journal of Analytical Chemistry. Vol. 166-167. Universidade de Michigan: JF Bergmann. p. 1.

16. Hänsch, TW **(2007)**. Metrologia e Constantes Fundamentais. iOS Press. p. 568. ISBN 978-1-58603-784-0.

17. DeMore, WB; M. Patapoff **(1976)**. "Comparação das determinações de ozono por fotometria ultravioleta e titulação em fase gasosa". Ciência e Tecnologia Ambiental. 10 (9): 897-899. Bibcode:1976EnST... 10... 897D. doi:10.1021/es60120a012.

18. Khopkar, SM **(1998)**. Basic Concepts of Analytical Chemistry (2nd ed.). New Age International. pp. 63-76. ISBN 81-224-1159-2.

19. Somasundaran, P. **(2006)**. "Cálculo de potenciais zeta a partir de dados electrocinéticos". Encyclopedia of Surface and Colloid Science ($2^{a ed.}$). CRC Press. 2: 1097. ISBN 0-8493-9607-7.

20. Decker, JM **(2000)**. Introdução à imunologia. Décima primeira hora (3rd ed.). Wilcy Blackwell. pp. 18-20. ISBN 0-632-04415-2.

2

Reacções de oxidação - redução

A oxidação é o fenómeno que consiste em aumentar algebricamente o número de oxidação de um átomo ou ião, e a redução é o fenómeno que consiste em diminuir algebricamente o número de oxidação de um átomo ou ião.

1. *Introdução*

O termo redox descreve todas as reacções químicas em que os átomos dos elementos que nelas participam alteram o seu número de oxidação.

[th]Historicamente, a exploração da natureza do fenómeno de oxidação começou por volta de 1718, ou seja, no início do século XVIII, quando o químico alemão Georg Ernst Stahl formulou a opinião de que a formação de metais a partir dos seus óxidos, durante o seu aquecimento com carbono, se deve à absorção de uma substância a que chamou "flogisto". Por outro lado, o aquecimento de metais no ar, que leva à formação de óxidos, é acompanhado pela libertação da chama. Assim, o flogisto, consoante o fenómeno químico, poderia ter ou não ter peso ou mesmo ter "peso negativo". A teoria incendiária ganhou muitos e fanáticos seguidores. Especificamente, em 1772, o fundador da química moderna, Lavoisier (Antoine Lavoisier), argumentou que o aumento do peso dos metais quando são aquecidos se deve à absorção de oxigénio da atmosfera e não à chama. A formação de metais a partir dos seus óxidos corresponde a uma perda de oxigénio. Os pontos de vista de Lavoisier não foram inicialmente aceites pela maioria dos cientistas franceses da época, porque estes eram apoiantes fanáticos da teoria do flogisto.

[th]Durante o século XIX, a absorção de oxigénio por uma substância era o processo de oxidação. Por isso, a reação de um elemento com o oxigénio era caracterizada como oxidação. Por exemplo, estas reacções são as seguintes:

$$2Mg + O_2 \rightarrow 2MgO$$

$$C + O_2 \rightarrow CO_2$$

É de salientar que nestas reacções o oxigénio foi caracterizado como um agente oxidante porque reage com o magnésio (Mg) e o carbono (C).

Em vez disso, o processo de remoção do oxigénio foi designado por redução. Por exemplo, na reação **Fe O_{23} + 3H$_2$ $\rightarrow$ 2Fe + 3H$_2$ O,** o oxigénio é removido do óxido de ferro (III) (Fe O_{23}). Adicionalmente, o hidrogénio (H$_2$) dos reagentes foi caracterizado como um agente redutor.

Assim, a oxidação e a redução eram conceitos anteriormente associados à adição e remoção, respetivamente, de oxigénio à molécula de um composto químico. Alguns anos mais tarde, surgiu o conceito de desidrogenação, ou seja, a remoção de hidrogénio de um composto, como por exemplo **CH$_3$ CH$_2$ OH $\rightarrow$ CH$_3$ CHO + H$_2$** . Um conceito idêntico ao de oxidação. Pelo contrário, a absorção de hidrogénio por um composto químico, como por exemplo **H$_2$ + Br$_2$ $\rightarrow$ 2HBr**, ou seja, a hidrogenação, tornou-se um conceito idêntico ao de redução.

[th]No início do século XX, e após a descoberta e estudo aprofundado da estrutura eletrónica dos átomos, compreendeu-se que as reacções entre metais e não metais se processam pelo mesmo mecanismo que as reacções entre metais e oxigénio. Assim, por exemplo, nas reacções:

$$Mg + 1/2O_2 \rightarrow MgO \text{ e}$$

$$Mg + F_2 \rightarrow MgF_2$$

o átomo de Mg perde 2 electrões da sua camada exterior e transforma-se num catião Mg^{2+} : **Mg $\rightarrow$ Mg^{2+} + 2e$^-$** .

Na primeira reação, os dois electrões expulsos do magnésio são absorvidos pelo átomo de oxigénio e este é convertido num anião O^{2-} : **1/2O$_2$ +2e$^-$ $\rightarrow$ O^{2-}** . Na segunda reação, os dois electrões expulsos do magnésio são absorvidos pelo átomo de flúor e este é convertido num anião F$^-$: **F$_2$ +2e$^-$ $\rightarrow$ 2F$^-$** . Como se pode facilmente verificar, em ambos os casos de reações, ocorre transferência de eletrões e formação de ligação heteropolar.

Por conseguinte, foram estabelecidas novas definições relativas à oxidação e à redução:

A oxidação de um elemento é a remoção de electrões do mesmo.

A redução de um elemento é a aceitação de electrões por este.

No entanto, os processos de oxidação e redução são processos acoplados, ou seja, ocorrem sempre em simultâneo, portanto:

O redox é o movimento dos electrões entre os átomos.

Estas novas definições de oxidação e redução são superiores às mais antigas porque:

1) O processo redox estende-se a todas as reacções de transferência de electrões, sem que seja necessária a presença de O_2 ou H_2 .

2) Há duas meias-reacções a ocorrer ao mesmo tempo, por exemplo:

Mg $\rightarrow$ Ca^{2+} + 2e$^-$ (meia-reação de oxidação)

$$F_2 + 2e^- \rightarrow 2F^- \text{ (meia-reação de redução)}$$

Enquanto a adição por termos dá a reação redox:

$$Mg + F_2 \rightarrow MgF_2 \text{ (reação redox)}$$

[th]Embora estas definições apresentem claramente vantagens em relação às do século XX, têm os seguintes inconvenientes muito graves:

1) Explicam apenas os casos em que se formam compostos heteropolares, ou seja, compostos em que há transferência de electrões sob a forma de remoção e captação de electrões.

2) Estas definições não explicam a formação de compostos covalentes (por exemplo, $C + O_2 \rightarrow CO_2$) nos quais não se observa qualquer movimento, mas sim uma contribuição mútua de electrões. No entanto, se o composto covalente tiver um forte carácter heteropolar, então as definições acima são bastante satisfatórias. Por exemplo, a molécula polar HF **(Figura-2.1)**, que tem 43% de carácter heteropolar e 57% de carácter covalente devido a um grande momento de dipolo (1,91 D), pode ser explicada com base nas definições redox anteriores.

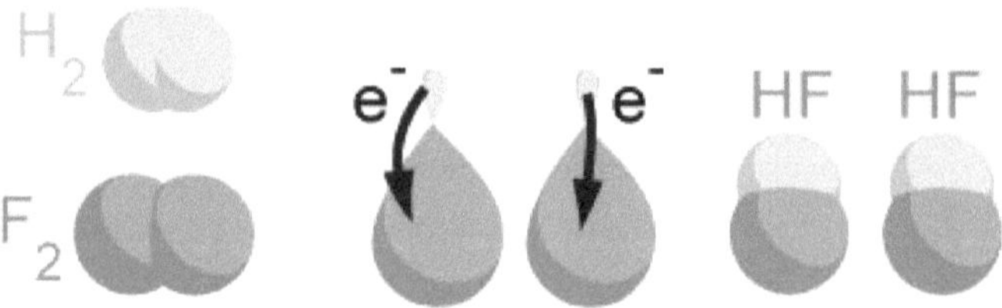

Figura-2.1: A formação da ligação HF.

As visões e definições modernas dos fenómenos redox foram criadas para incluir todos os fenómenos semelhantes, tanto em compostos heteropolares como covalentes. Por conseguinte, surgiu a necessidade de definir os fenómenos de oxidação e redução numa nova base. Em várias reacções redox, observou-se que o número de oxidação de certos átomos envolvidos no fenómeno redox se alterava.

Por exemplo, na reação entre compostos heteropolares:

$$Mg + 1/2O_2 \rightarrow MgO$$

O número de oxidação do Mg é inicialmente zero e muda para +2 no MgO. Também o número de oxidação do O em O_2 é zero e muda para -2 em MgO.

Também na reação entre compostos covalentes:

$$H_2 + Br_2 \rightarrow HBr$$

O número de oxidação do H é inicialmente zero no H_2 e muda para +1 no HBr. Também o número de oxidação do Br em Br_2 é zero e muda para -1 em HBr.

Examinando casos semelhantes de reacções, as definições agora deduzidas com os fenómenos de oxidação e redução são as seguintes

A oxidação é o fenómeno de aumento algébrico do número de oxidação de um átomo ou ião, e a redução é o fenómeno de diminuição algébrica do número de oxidação de um átomo ou ião.

É importante notar que, com as definições acima, não importa se as alterações do número de oxidação são causadas por transferência de electrões ou por contribuição mútua. Além disso, a oxidação e a redução ocorrem sempre em simultâneo, pelo que o fenómeno global é designado por redox. Além disso, nas reacções redox distinguimos o agente oxidante (o que provoca a oxidação, ou seja, é reduzido) e o agente redutor (o que provoca a redução, ou seja, ele próprio é oxidado). As reacções em que se observa o fenómeno redox designam-se por reacções redox e classificam-se em várias categorias, tais como:

1. Reacções de síntese
2. Decomposição ou reacções de decomposição
3. Reacções de substituição simples
4. Reacções redox complexas
5. Reacções auto-redox

É importante o papel das reacções redox na nossa vida. As reacções biológicas básicas, bem como as reacções de combustão que são a principal fonte de energia, são reacções redox. Além disso, numerosas reacções redox são de grande importância na tecnologia para a produção de produtos úteis, enquanto outras são de especial importância ambiental. As reacções redox são importantes em processos e aplicações como o metabolismo em organismos animais, a fotossíntese, os processos biológicos e os ciclos redox, a metalurgia, o fabrico de explosivos, a corrosão de metais, a combustão de combustíveis, o processamento de têxteis, o tratamento de resíduos e o campo da eletroquímica.

2. Teoria

2.1 Número de oxidação (O.N.)

a. Para os compostos iónicos (heteropolares) o número de oxidação é a **carga real** dos iões dos quais são constituídos.

b. Para compostos covalentes, o número de oxidação é a **carga aparente** que seria atribuída a cada átomo do composto se os pares de electrões partilhados das ligações covalentes fossem atribuídos inteiramente ao átomo mais eletronegativo. Neste caso, o número de oxidação é encontrado com base em regras específicas.

Assim, para calcular o número de oxidação de um elemento num composto ou num ião, seguem-se as seguintes regras, que são derivadas com base na definição do número de oxidação e nos valores de eletronegatividade dos elementos **(Tabela-2.1 e Tabela-2.2)**.

2.2 Regras práticas para o cálculo do N.O.

1. Todas as moléculas de elementos ou compostos têm soma algébrica O.N. igual a zero.

2. O flúor (F) nos seus compostos tem sempre N.O. igual a -1.

3. O oxigénio (O) nos seus compostos tem N.O. igual a -2, exceto no fluoreto de oxigénio (OF_2) em que tem +2 e nos peróxidos (por exemplo, $H O_{22}$) em que tem -1.

4. O N.O. do hidrogénio é +1, exceto se este se combinar com metais, pelo que tem N.O. -1 (por exemplo, LiH, NaII, CaH_2, MgH_2 etc.).

5. Os metais nos seus compostos têm um N.O. positivo. Especialmente os alcalinos (Li, Na, K) têm N.O. +1 e os alcalino-terrosos (Mg, Ca, Sr, Ba,) têm N.O. +2.

6. A soma algébrica dos N.O. dos átomos de um ião poliatómico é igual à carga do ião.

7. Os halogéneos Cl, Br e I quando combinados com C, por serem mais electronegativos em relação a ele, terão N.O. igual a -1.

8. O azoto (N) no composto cianeto de hidrogénio (HCN) tem N.O.

igual a -3, porque é mais eletronegativo do que o carbono (C).

Tabela-2.1: Os números de oxidação de alguns elementos.

Metais	O.N.	Não-metais	O.N.
Li, Na, K, Ag	+1	**F**	-1
Ba, Ca, Mg, Zn	+2	**Cl, Br, I**	-1, (+1, +3, +5, +7)
Al	+3	**O**	-2, (-1, +2)
Cu, Hg	+1, +2	**S**	-2, (+4, +6)
Fe, Co, Ni	+2, +3	**N, P**	-3, (+3, +5)
Pb, Sn	+2, +4	**C, Si**	-4, +4
Senhor	+2, +4, +6, +7	**H**	+1, (-1)
Cr	+2, +3, +6		

Tabela-2.2: Os números de oxidação de alguns elementos nos seus compostos.

NH_4^+ 4	ClO^- 1	HCO^- 3	CO^{-2} 3	AlO^{-3} 3
OH^- -2	ClO^- 2	$HSiO^-$ 3	SiO^{-2} 3	$Cr\,O_2^{-2}$ 7
CN^- -3	ClO^- 3	HSO^- 3	SO^{-2} 3	HS^- -2
$NÃO^-$ 2	ClO^- 4	HSO^- 4	SO^{-2} 4	$NÃO^-$ 3
MnO^- 4	H_2PO^- 4	HPO^{-2} 4	PO^{-3} 4	

2. 3 O número de oxidação do C em compostos orgânicos

Em geral, o número de oxidação do C em compostos orgânicos apresenta grande variabilidade, de -4 até +4. Quando o composto orgânico tem um único átomo de C, o seu número de oxidação pode ser calculado algebricamente, como se sabe: se quisermos encontrar o número de oxidação do C nos compostos: CH_4 , CH_3 OH, HCHO, HCOOH, aplicamos sucessivamente a última regra e temos:

- No entanto, nos compostos orgânicos, que contêm dois ou mais indivíduos C, os números de oxidação podem ser diferentes.

- Nestes casos, o número de oxidação é calculado de acordo com a definição de O.S. em compostos covalentes e com base na fórmula estrutural da união.

Por exemplo, no composto CH_3 CH_2 CH_3 o O.S. de C (2) é calculado da seguinte forma: C (2) forma 2 ligações com átomos de H e duas ligações com outros átomos de C. Os electrões correspondentes às ligações C - H são atribuídos ao átomo mais eletronegativo de C, pelo que este átomo parece ganhar 2 electrões e adquirir uma carga aparente de -2. Note-se que as ligações C (1)-C (2) e C (3)-C (2) são entre os mesmos átomos e não participam no cálculo do O.S. Assim, o O.S. de C (2) é -2. No mesmo composto, o AO de C (1) e C (3) é calculado da seguinte forma: Ou seja O O.S. do C (1,3) é -3, pois contrata 3 electrões dos seus três laços C -H.

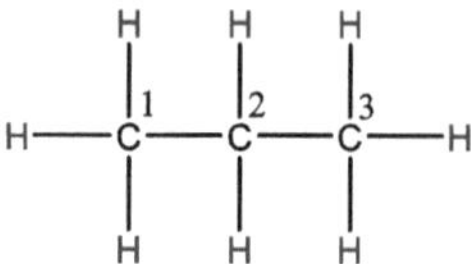

Observamos que com base nas suas regras práticas o número de oxidação O.N. do C I ocorrerá -8/3. Isto acontece porque não têm todos os indivíduos carbonados na molécula de C H_{38} o mesmo número de oxidação. O valor -8/3 representa a média dos valores destes.

2. 4 Alguns exemplos de cálculo dos números de oxidação

A tabela seguinte apresenta a metodologia para o cálculo do número de oxidação do carbono nos seus compostos **(Tabela-2.3)**.

Tabela-2.3: Cálculo do número de oxidação do carbono nos seus compostos.

CH_4 :	$x + 4 = 0 \Rightarrow x = -4$
CH_3 OH: HCHO:	$x + 3 - 2 + 1 = 0 \Rightarrow x = -2$
	$1 + x + 1 - 2 = 0 \Rightarrow x = 0$
HCOOH:	$1 + x - 4 + 1 = 0 \Rightarrow x = +2$
CO_2 :	$x - 4 = 0 \Rightarrow x = +4$
CH_3 Cl:	$x + 3 - 1 = 0 \Rightarrow x = -2$
CHI_3 :	$x + 1 - 3 = 0 \Rightarrow x = +2$
CH_2 Br_2 :	$x + 2 - 2 = 0 \Rightarrow x = 0$

a. C H$_{38}$: porque todos os indivíduos C na molécula de C H$_{38}$ não têm o mesmo preço O.N., deve-se escrever em pormenor o tipo editorial de C H$_{38,}$ para contar os indivíduos de C e calcular o O.N. com base nas regras práticas de encontrar o O.N. **para cada pessoa separadamente.** Ou seja:

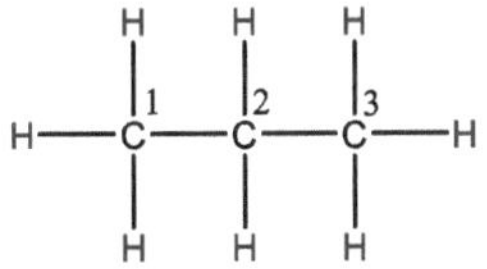

o 1º átomo C tem S.O. = -3, o 2nd átomo C tem S.O. = -2 e o 3rd átomo C tem S.O. = -3.

Se assumirmos que os três átomos de carbono do composto têm o mesmo número de oxidação, com base nas regras práticas, ocorrerá o preço -8/3 onde representa o termo médio dos preços O.N. do carvão de três pessoas.

b. CH$_3$ CH=O:

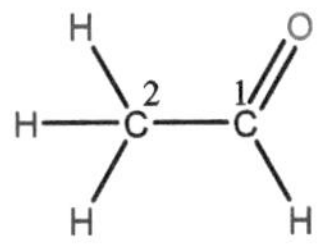

1st átomo C tem S.O. = +1 e o 2nd átomo C tem S.O. = -3.

c. CH$_3$ CN:

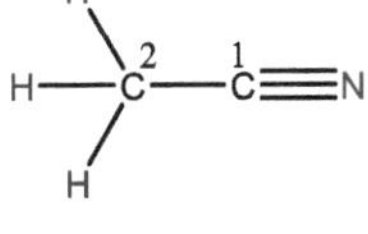

1ˢᵗ átomo C tem O.N. = +3 (N é considerado mais eletronegativo que C, são-lhe atribuídos os 3 pares partilhados e⁻ e o O.N. de N é -3) e o 2ⁿᵈ átomo C tem O.S. = -3.

2.5 Método de determinação dos coeficientes das reacções redox

O balanceamento (determinação dos coeficientes) de reacções redox "complexas" apresenta alguma dificuldade. Podem ser utilizados dois métodos para equilibrar uma reação redox complexa:

1.   Método das semi-reacções. Ela apoiou-se em meias reacções de iões - de electrões de substâncias oxidantes e redutoras.

2.   Método de alteração do número de oxidação. Este método baseia-se nas alterações do número de oxidação do agente oxidante e do agente redutor:

1ˢᵗ **passo**: Escrevemos as fórmulas químicas dos reagentes e dos produtos da reação que normalmente são dadas.

2ⁿᵈ **passo**: Encontramos a mudança no O.N. para o átomo que está a ser oxidado e a mudança no O.N. para a pessoa que está a ser reduzida.

3ʳᵈ **passo**: Na <u>segunda </u>parte da equação química para as reacções inorgânicas (e no <u>primeiro </u>membro da equação química para as reacções orgânicas) colocamos a mudança de N.O. de um átomo, coeficiente no corpo que contém o outro átomo que muda de N.O. e vice-versa.

Nota 1: Se no membro em que alternamos as alterações houver um marcador para a pessoa que altera o O.N., devemos multiplicar a alteração do O.N. no índice (alteração total do O.N. na molécula do composto).

Nota 2: Se as alterações no N.O. forem passíveis de simplificação, fazemo-lo para ter a relação integral <u>mais simples </u>dos coeficientes na equação química.

4th passo: Equacionamos todos os átomos dos elementos do 1º e 2º membros da equação pela seguinte ordem:

i. metais

ii. não-metais

iii. os átomos de H são igualados com moléculas de água onde são adicionados em qualquer membro que a sua equação necessite.

iv. os átomos de O são igualados automaticamente

5th Passo: Verificamos se os coeficientes estequiométricos são passíveis de simplificação e, em caso afirmativo, fazemo-lo para obter a relação integral **mais simples** dos coeficientes na equação química.

É de notar que, para que uma equação química esteja correta, deve estar de acordo com:

- **os dados experimentais,** ou seja, deve representar um fenómeno químico real.

- O **princípio da conservação da massa,** ou seja, o número total de pessoas de cada elemento nos reagentes e nos produtos deve ser o mesmo (massa de equilíbrio).

- **o princípio da conservação das cargas eléctricas,** ou seja, a carga total dos reagentes e dos produtos deve ser a mesma (carga de equilíbrio).

<u>Exemplos:</u>

A. $NH_3 + CuO \rightarrow N_2 + Cu + H\,O_2$

O.N. de N de -3 torna-se 0, portanto uma mudança de 3. Como nos 2 membros[nd] temos o índice "2" para N, a mudança total é 2x3 = 6. O.N. de Cu a partir de +2 torna-se 0, portanto, mudança de 2. Como as mudanças 6 e 2 são passíveis de simplificação, elas se tornam 3 e 1. No membro 2nd da equação, colocamos um coeficiente em N_2 1 e Cu 3. Depois igualamos os restantes elementos e obtemos a equação:

$2NH_3 + \mathbf{3CuO} \rightarrow 1N_2 + \mathbf{3Cu} + 3H\,O_2$

B. $CO + KMnO_4 + H_2\,SO_4 \rightarrow CO_2 + MnSO_4 + K_2\,SO_4 + H\,O_2$

O.N. de C de +2 passa a +4, portanto, altere por 2. O.N. de Mn de +7 passa a +2, portanto, altere por 5. No membro 2nd da equação, colocamos um fator de 5 em CO_2 e 2 em $MnSO_4$. Depois equacionamos o resto dos elementos e temos a equação:

$5CO + 2KMnO_4 + 3H_2\,SO_4 \rightarrow 5CO_2 + 2MnSO_4 + 1K_2\,SO_4 + 3H\,O_2$

C. $FeCl_2 + K_2\,Cr\,O_{27} + HCl \rightarrow FeCl_3 + CrCl_3 + KCl + H\,O_2$

O.N. de Fe de +2 passa a +3, portanto, altere por 1. O.N. de Cr de +6 passa a +3, portanto, altere por 3. No 2nd membro da equação colocamos um coeficiente no $FeCl_3$ em 3 e no $CrCl_3$ o 1. Depois equacionamos os restantes elementos e temos a equação:

$$6FeCl_2 + K_2 Cr O_{27} + \textbf{14HCl} \rightarrow 6FeCl_3 + 2CrCl_3 + \textbf{2KCl} + 7H O_2$$

D. $NH_3 + H O_{22} \rightarrow N_2 + H O_2$

O.N. de N de -3 torna-se 0, portanto uma alteração de 3. Como no 2nd membro temos o índice "2" para N, a alteração total é 2x3 = 6. O.N. de O de -1 passa a -2, portanto, mudança de 1. Em[the] $2^{\underline{o}}$ membro da equação colocamos um coeficiente de N_2 1 e em H_2 O 6. Depois igualamos os restantes elementos e obtemos a equação:

$$2NH_3 + 3H O_{22} \rightarrow 1N_2 + 6H O_2$$

E. $Cl_2 + NaOH \rightarrow NaCl + NaClO_3 + H O_2$

O N.O. do Cl de 0 passa a ser -1 no NaCl, portanto troque por 1. O N.O. do Cl de 0 passa a ser +5 no $NaClO_3$, portanto troque por 5. No 2nd membro da equação colocamos um coeficiente de 5 para o NaCl e 3 para NaClO o 1. Depois igualamos os restantes elementos e temos a equação:

$$3Cl_2 + \textbf{6NaOH} \rightarrow \textbf{5NaCl} + 1NaClO_3 + 3H O_2$$

F. $H_2 S + SO_2 \rightarrow S + S + H O_2$

O   N.O   . de S em H_2 S de -2 passa a ser 0, portanto, altere por 2. O N.O. de S para SO_2 de +4 passa a ser 0, portanto, altere por 4. Como as alterações 2 e 4 são passíveis de simplificação, elas se tornam 1 e 2. No membro 2 da equação, colocamos um coeficiente de 1 em S derivado da redução de SO_2 e 2 em S que vem da oxidação de H_2 S. Depois igualamos os restantes elementos e temos a equação:

$2H_2 S + 1SO_2 \rightarrow \mathbf{1S} + \mathbf{2S} + 2H O_2$

A forma final da equação é:

$2H_2 S + SO_2 \rightarrow 3S + 2H O_2$

G. $FeSO_4 + KMnO_4 + H_2 SO_4 \rightarrow Fe_2 (SO)_{43} + MnSO_4 + K_2 SO_4 + H O_2$

O N.O. do Fe para $FeSO_4$ de +2 passa a +3, portanto uma alteração de 1. Como no membro 2nd temos um índice de "2" para o Fe, a alteração total é 2x1 = 2. O N.O. do Mn no $KMnO_4$ de +7 passa a ser +2, portanto, a alteração é de 5. No membro 2 nd da equação, colocamos um fator de 5 no $Fe_2 (SO)_{43}$ e 2 no $MnSO_4$. . Em seguida, igualamos os restantes elementos e temos a equação:

$10FeSO_4 + 2KMnO_4 + 8H_2 SO_4 \rightarrow 5Fe_2 (SO)_{43} + 2MnSO_4 + 1K_2 SO_4 + 8H O_2$

H. $FeSO_4 + K_2 Cr O_{27} + H_2 SO_4 \rightarrow Fe_2 (SO)_{43} + Cr_2 (SO)_{43} + K_2 SO_4 + H O_2$

O.N. de Fe para $FeSO_4$ de +2 passa a +3, portanto uma mudança de 1. Como no 2nd membro temos um índice de "2" para Fe, a mudança total é 2x1=2. O.N. de Cr de +6 torna-se +3, portanto uma mudança de 3. Como no 2° membro temos um índice de "2" para Cr, a mudança total é 2x3=6. Como as mudanças 2 e 6 são passíveis de simplificação, elas se tornarão 1 e 3. No membro 2nd da equação colocamos um coeficiente no $Fe_2 (SO)_{43}$ em 3 e no $Cr_2 (SO)_{43}$ o 1. Depois igualamos os restantes elementos e temos a equação:

$$6FeSO_4 + 1K_2 Cr O_{27} + 7H_2 SO_4 \rightarrow 3Fe_2 (SO)_{43} + 1Cr_2 (SO)_{43} + 1K_2 SO_4 + 7H O_2$$

I. $SO_2 + KMnO_4 + H_2 SO_4 \rightarrow H_2 SO_4 + MnSO_4 + K_2 SO_4$

O.N. de S para SO_2 de +4 passa a +6, portanto, altere por 2. O.N. de Mn em $KMnO_4$ de +7 passa a +2, portanto, altere por 5. No membro 2nd da equação colocamos um fator de 5 em $H_2 SO_4$ e 2 em $MnSO_4$. Depois equacionamos os restantes elementos e temos a equação:

$$5SO_2 + 2KMnO_4 + 3H_2 SO_4 + 2H_2 O \rightarrow 5H_2 SO_4 + 2MnSO_4 + 1K_2 SO_4$$

A forma final da equação química é:

$5SO_2 + 2KMnO_4 + 2H_2 O \rightarrow 2H_2 SO_4 + 2MnSO_4 + K_2 SO_4$

K. $SO_2 + K_2 Cr O_{27} + H_2 SO_4 \rightarrow H_2 SO_4 + Cr_2 (SO)_{43} + K_2 SO_4 + H O_2$

O.N. de S para SO_2 de +4 passa a ser +6, portanto, altere 2. O.N. de Cr de +6 passa a ser +3, portanto, uma alteração de 3. Como no membro 2nd temos um índice de "2" para Cr, a alteração total é 2x3=6. Como as mudanças 2 e 6 são passíveis de simplificação, elas se tornarão 1 e 3. No membro 2nd da equação, colocamos um fator de 3 em $H_2 SO_4$ e 1 em $Cr_2 (SO)_{43}$ Depois igualamos os restantes elementos e temos a equação:

$$3SO_2 + 1K_2 Cr O_{27} + 4H_2 SO_4 \rightarrow 3H_2 SO_4 + 1Cr_2 (SO)_{43} + 1K_2 SO_4 + 1H O_2$$

A forma final da equação química é:

$$3SO_2 + K_2 Cr O_{27} + H_2 SO_4 \rightarrow Cr_2 (SO)_{43} + K_2 SO_4 + H O_2$$

2.6 Reacções de substituição simples

Trata-se de reacções redox em que um elemento (no estado livre) substitui um outro elemento que participa num composto. Três das mais importantes classes de reacções de substituição simples são também as seguintes:

1. **Reacções de substituição simples em que um metal substitui outro metal (ou mesmo o hidrogénio) de um composto,** de acordo com a equação geral:

$$A + BG \rightarrow AC + B$$

Esta categoria inclui as duas categorias de reacções seguintes:

(I) Metal + sal $\rightarrow$ sal + metal

$Fe + CuSO_4 \rightarrow FeSO_4 + Cu$

(II) Metal + sal $\rightarrow$ ácido + $H_2 \uparrow$

$Zn + H_2SO_4 \rightarrow ZnSO_4 + H_2 \uparrow$

Um pré-requisito para a realização de uma reação de substituição simples é que o metal presente na forma elementar seja mais "ativo" do que o metal (o h) onde está localizado na união. Indicativamente, a atividade dos metais segue a seguinte série:

K, B a, Ca, N a, Mg, Al, Mn, Zn, Cr, Fe, Co, Ni, Sn, Pb, H, Cu, Hg, Ag, Pt, Au

$\longleftarrow$ An increase in activity

De acordo com a série ela, por exemplo, o Fe é mais ativo do que o Cu e pode substituí-lo nos seus compostos, pelo que a reação (1) acima referida é possível. Além disso, a reação (2) pode ser realizada, uma vez que o Zn é mais reativo do que o H. Por outro lado, a reação de A u com $ZnSO_4$ não pode ser realizada, uma vez que o Au é menos reativo do que o Zn.

Nas reacções de substituição simples em que o metal pode ter mais N.O. aparece nos produtos com os N.O. mais pequenos, com exceção do Cu que parece "preferir" N.O. +2 (também tem +1).

2. **Reacções de substituição simples em que um não metal**

substitui outro não metal menos reativo. Em reacções deste tipo, a reatividade dos não metais segue a seguinte ordem:

$$F_2, Cl_2, Br_2, O_2, I_2, S$$

$$\longleftarrow$$

An increase in activity

Exemplos:

a. $Cl_2 + 2KBr \rightarrow 2KCl + Br_2$

b. $Cu_2S + O_2 \rightarrow 2CuO + S$

c. $I_2 + KF$ (não efectuado)

3. Os metais mais activos K, Ba, Ca, Na reagem com a água e dão origem à base correspondente (hidróxido metálico) e H_2.

Exemplos:

a. $2Na + 2H_2O \rightarrow 2NaOH + H_2$

b. $2K + 2H_2O \rightarrow 2KOH + H_2$

c. $Ba + 2H_2O \rightarrow Ba(OH)_2 + H_2$

d. $Ca + 2H_2O \rightarrow Ca(OH)_2 + H_2$

4. O menos reativo que o hidrogénio com o vapor de água a alta temperatura e produz óxido metálico e H_2.

Exemplos:

a. $Mg + H_2O \rightarrow MgO + H_2$

b. $2Al + 3H_2O \rightarrow Al O_{23} + 3H_2$

5. Os metais não reactivos, como o Cu, o Ag, o Au, etc., não reagem com o H_2O.

Exemplo:

a. $Cu + H_2O$ (não é possível)

2.7 Elementos galvânicos

O processo de eletrólise conduz uma reação numa direção espontânea utilizando uma fonte externa de corrente eléctrica. A célula electrolítica, como é chamada a disposição, difere da célula galvânica. A diferença entre as duas reside no facto de os dois eléctrodos partilharem a mesma solução electrolítica e de as concentrações das soluções estarem normalmente longe do ponto de equilíbrio. A oxidação ocorre no ânodo e a redução no cátodo, os electrões são dirigidos no circuito externo do ânodo para o cátodo, enquanto que através da solução electrolítica a corrente é transportada pelos iões.

Para que uma reação seja conduzida num sentido não espontâneo, deve ser-lhe dada uma tensão maior do que a tensão que a reação espontânea correspondente daria. Por exemplo, para a reação não espontânea:

$$2H O_{2(l)} \rightarrow 2H_{2(g)} + O_{2(g)} \quad E = -1{,}23V \quad pH = 7$$

É necessário aplicar pelo menos 1,23 V para ultrapassar a tendência do sistema para empurrar os electrões na direção oposta.

Na prática, a corrente fornecida deve ter uma tensão superior ao potencial da célula. O potencial adicional necessário depende do tipo de eléctrodos e é designado por sobretensão. Para eléctrodos de platina, isto é igual a aproximadamente 0,6V. Assim, quando são utilizados eléctrodos de Pt durante a eletrólise da água, é necessária uma tensão igual a 1,8V. Uma vez que existem outros iões na solução, por exemplo, cloretos, então:

Redução de O_2 na água:

$$O_{2(g)} + 4H^+_{(aq)} + 4e^- \rightarrow 2H\,O_{2(l)}\ \ E = +0,81\ V$$

Para inverter a reação, é necessário um potencial de 0,81 V, uma vez que o Cl^- se encontra na água:

$$Cl_{2(g)} + 2e^- \rightarrow 2Cl_{(aq)}\ E^o = +1,36V$$

O potencial aplicado não é suficiente para reduzir os iões cloreto. No entanto, a presença de outros compostos afecta os produtos finais, uma vez que, na prática, são utilizadas tensões mais elevadas do que as previstas.

Em particular para a eletrólise da água, porque a água pura não é condutora, uma vez que se dissocia muito pouco, é necessário adicionar um eletrólito à solução (um composto iónico como o ácido sulfúrico). O ácido sulfúrico dissocia-se completamente em soluções aquosas:

$$H_2\,SO_4 \rightarrow 2H^+ + SO_4^{-2}$$

A água dispersa-se muito pouco:

$$H_2\,O \leftrightarrow H^+ + OH^-$$

É utilizado um aparelho de eletrólise Hoffman. Os catiões de hidrogénio são dirigidos para o cátodo:

Cátodo (-):

$$2H_2O + 2e^- \rightarrow H_{2(g)} + 2OH \quad E^{-0} = -0,82V$$

A concentração de hidroxilos no ânodo é demasiado pequena para que a reação prossiga, pelo que os aniões sulfato permanecem em solução e, portanto, não são incluídos nas reacções do elétrodo.

Ânodo (+):

$$2H\,O_{2(l)} \rightarrow O_{2(g)} + 4H^+ + 4e^- \quad E^0 = 0,82V$$

A reação global é:

$$4H^+ + 2H\,O_{2(l)} \rightarrow 2H_{2(g)} + O_{2(g)} + 4H \quad E^{+0} = -0,40V$$

Por cada catião de hidrogénio libertado no ânodo, forma-se outro:

$$2H_2O \rightarrow 2H_{2(g)} + O_{2(g)} \quad E^0 = -1,23V$$

Assim, como resultado, temos a libertação de H_2 no cátodo e O_2 no ânodo com uma relação de 2/1.

A carga Q transportada por n iões de valência z é:

$$Q = \int_0^t I\,dt \quad (1)$$

Se a corrente se mantiver constante, então:

$$Q = n \cdot z \cdot e = i \cdot t \quad (2)$$

Onde: i é a intensidade da corrente no momento t,

e é a carga do eletrão,

z é o número de electrões.

A massa dos iões libertados é: $M = n \cdot m$ onde m=massa de um ião:

$$M = \frac{m}{ze} it = A \cdot i \cdot t \ (3)$$

<u>Primeira lei da eletrólise de Faraday</u>:

O tamanho: $A = \frac{m}{ze}$ (4) é o equivalente eletroquímico do ião que exprime a massa da substância que é reduzida ou oxidada durante a passagem da unidade de carga. Multiplicando o numerador e o denominador pela constante de Avogadro N_A obtém-se A segunda lei de Faraday da eletrólise:

$$A = \frac{N_A m}{N_A ze} = \frac{M_m}{Fz} \ (5)$$

Onde $F = N_A \cdot e$ é a constante de Faraday e M_m é o peso molecular do ião libertado. A partir das relações 3 e 4:

$$M = M_m \frac{it}{Fz} \ (6)$$

Se substituirmos as massas em 6 pelos volumes, temos:

$$V = V_m \frac{it}{Fz}$$

E convertendo V_m através da equação de estado do gás ideal:

$$F = \frac{it}{z} \frac{T}{Vp} \frac{V_{m0} p_0}{T_0}$$

Em que V é o volume do gás evoluído, V_m é o volume molar, T é a temperatura nas condições experimentais e p é a pressão do gás na bureta.

Nas células galvânicas, a meia-célula em que ocorre a semi-reação de oxidação é o pólo negativo e é designada por ânodo, enquanto a meia-célula em que ocorre a semi-reação de redução é o pólo positivo da célula galvânica e é designada por cátodo. Quando os pólos positivo e negativo estão ligados através de um circuito elétrico externo, o circuito geral flui com corrente eléctrica.

Um exemplo de uma célula galvânica é aquela cujo ânodo é uma barra de Cu imersa numa solução de iões Cu^{2+} [Cu(NO$_3$)$_2$] e constitui o elétrodo negativo, ou seja, é a meia-célula anódica, na qual ocorre a oxidação **(Figura-2.1)**.

$$\textbf{Ânodo(-): } Cu_{(s)} \rightleftharpoons Cu^{2+}_{(aq)} + 2e^-.$$

O cátodo da mesma célula é uma barra de Ag, imersa numa solução de iões Ag $^{2+}$ [Ag(NO$_3$)$_2$]. Esta vareta constitui o elétrodo positivo e é, portanto, o cátodo da meia-célula, no qual ocorre a redução:

$$\textbf{Cathode(+): } 2Ag^+_{(aq)} + 2e^- \rightleftharpoons 2Ag_{(s)}.$$

A reação total deste elemento é:

$$Cu_{(s)} \rightleftharpoons Cu^{2+}_{(aq)} + 2e^- \qquad E_A^o = 0.34V$$
$$2Ag^+_{(aq)} + 2e^- \rightleftharpoons 2Ag_{(s)} \qquad E_C^o = 0.80V$$
$$\overline{\phantom{Cu_{(s)} + 2Ag^+_{(aq)} \rightleftharpoons Cu^{2+}_{(aq)} + 2Ag_{(s)}}}$$
$$Cu_{(s)} + 2Ag^+_{(aq)} \rightleftharpoons Cu^{2+}_{(aq)} + 2Ag_{(s)}$$

O potencial da reação total é igual ao potencial do cátodo menos o potencial do ânodo, portanto: $E^o = E_C - E_A => E^o = 0,80V - (0,34V) = 0,46V$.

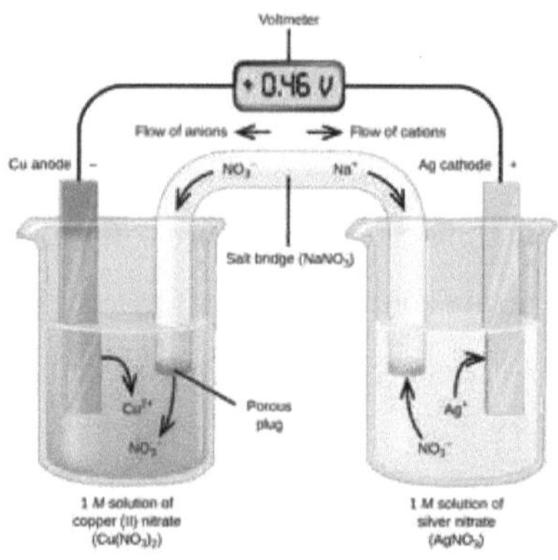

Figura-2.1: A célula galvânica Cu / Ag.

A notação deste elemento é a seguinte:

$$Cu_{(s)} \mid Cu^{2+}_{(aq)} \mid\mid Ag^+_{(aq)} \mid Ag_{(s)}$$
ânodo cátodo

As células galvânicas são dispositivos experimentais onde é produzida uma corrente eléctrica com a ajuda de uma reação redox espontânea. Por outras palavras, temos uma conversão de energia química em energia eléctrica. Estes elementos são constituídos por dois eléctrodos ou semi-elementos ligados entre si através de uma ligação electrolítica (ponte salina), que permite o movimento dos iões das soluções, mas não permite que se misturem.

A meia-célula em que ocorre a semi-reação de oxidação é o pólo negativo da célula galvânica e é designada por ânodo, enquanto a meia-célula em que ocorre a semi-reação de redução é o pólo positivo da célula galvânica e é designada por cátodo.

Se os pólos positivo e negativo estiverem ligados a um circuito elétrico externo, o circuito geral flui através de uma corrente eléctrica. A eletrólise **(Figura 2.2)** é o conjunto de reacções de oxidação e redução que ocorrem numa fusão ou solução de um eletrólito quando aplicamos uma diferença de potencial adequada nas extremidades dos eléctrodos.

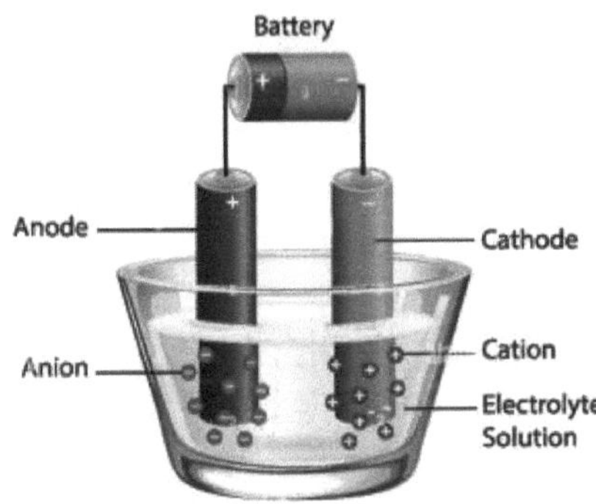

Figura-2.2: Um aparelho de eletrólise típico.

Em resumo, as diferenças entre elementos galvânicos e electrolíticos são apresentadas na **Tabela-2.3** e na **Figura-2.3.**

Tabela-2.3: As diferenças entre células galvânicas e electrolíticas.

Célula galvânica	Elemento eletrolítico
Conversão de energia química em energia eléctrica	Conversão de energia eléctrica em energia química
Anodo-Oxidação (-) / Cátodo-Redução (+)	Anodo-Oxidação (+) / Cátodo-Redução (-)

Espontânea quando E do elemento > 0	Inversão forçada dos fenómenos da célula galvânica através da aplicação de uma tensão superior à E da célula
Os dois meios elementos encontram-se em diferentes contentores e estão ligados através de uma ponte salina	Os dois eléctrodos são colocados no mesmo recipiente, numa solução electrolítica.
Oxidação das espécies derivadas do e⁻ e seu movimento do ânodo para o cátodo num circuito externo	O e⁻ vem de uma matriz externa e entra pelo cátodo para sair do cátodo.

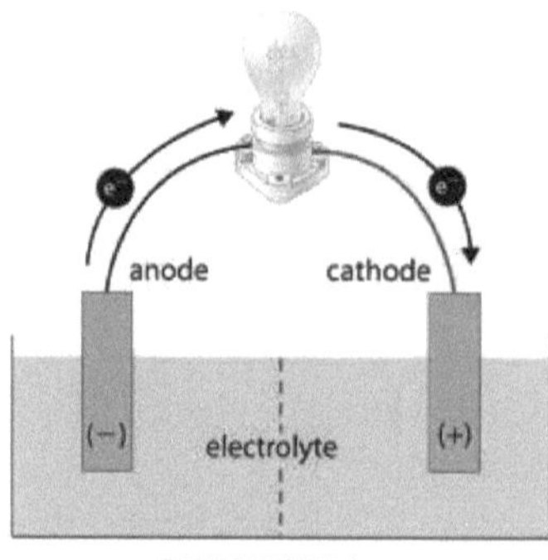

Energy released by spontaneous redox reaction is converted to electrical energy.

Oxidation half-reaction:
$Y \rightarrow Y^+ + e^-$

Reduction half-reaction:
$Z^+ + e^- \rightarrow Z$

Overall cell reaction:
$Y + Z \rightarrow Y^+ + Z^-$ $(G < 0)$

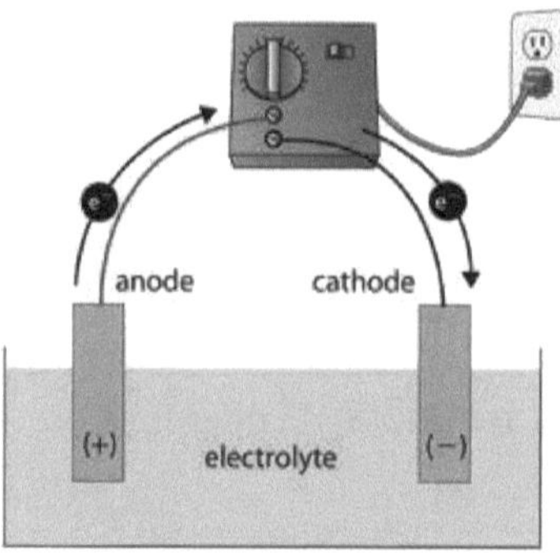

Electrical energy is used to drive nonspontaneous redox reaction.

Oxidation half-reaction:
$Z^- \rightarrow Z + e^-$

Reduction half-reaction:
$Y^+ + e^- \rightarrow Y$

Overall cell reaction:
$Y^+ + Z^- \rightarrow Y + Z$ $(G > 0)$

Figura-2.3: Comparação entre células galvânicas e electrolíticas.

2.8 Potenciais normais de redução

Quanto mais pequeno (mais negativo) for o E de uma substância, mais potente é a substância redutora. **A Tabela 2.4** mostra os potenciais de redução padrão para alguns dos sistemas mais comuns. Todas as semi-reacções são escritas como reduções, o que significa que a forma oxidada ganha electrões e é convertida na forma reduzida. Quanto mais elevada for uma forma reduzida, mais negativo é o potencial de redução padrão e mais forte é o corpo redutor. Inversamente, quanto mais baixo (e para a esquerda) for uma substância, mais poderoso é o seu oxidante e, consequentemente, mais positivo é o seu potencial padrão de redução.

Na **Tabela 2.4,** as semi-reacções são todas escritas como reduções (aceitação de electrões) e do potencial mais negativo para o mais positivo. Isto significa que o Li(s) é a forma reduzida e, uma vez que é o primeiro da série, é o agente redutor mais forte. Isto resulta na sua capacidade de reduzir espontaneamente todas as formas oxidadas dos compostos abaixo dele. Da mesma forma, quanto mais para baixo e para a esquerda estiver a forma oxidada, mais forte é o agente oxidante e pode oxidar qualquer forma reduzida do composto acima dele. Com base na **Tabela-2.4**, o agente oxidante mais forte é o F_2.

Numa reação redox, o seu potencial é a soma dos potenciais das duas semi-reacções individuais. Podemos escrever isso:

$$E^{\circ}_{cell} = E^{\circ}_{oxidado} + E^{\circ}_{reduzido} \text{ e } E^{\circ}_{oxidado} = - E^{\circ}_{reduzido}$$

ou seja, quando invertemos uma meia-reação temos também de inverter o sinal do seu potencial. Se somarmos os dois potenciais de uma reação redox e o resultado for *positivo,* a reação ocorre **espontaneamente.** Pelo contrário, se o resultado for negativo, então a reação não pode ser realizada espontaneamente e, para a sua realização, é necessário fornecer energia eléctrica pelo menos igual à diferença de potencial que calculámos.

Oxidizing Agent				Reducing Agent	Reduction Potential (V)
F_2	+	$2e^-$	$\rightarrow$	$2F^-$	2.87
H_2O_2	+	$2H^+ + 2e^-$	$\rightarrow$	$2H_2O$	1.78
MnO_4^-	+	$8H^+ + 5e^-$	$\rightarrow$	$Mn^{2+} + 4H_2O$	1.51
Au^{3+}	+	$3e^-$	$\rightarrow$	Au	1.50
Cl_2	+	$2e^-$	$\rightarrow$	$2Cl^-$	1.36
O_2	+	$4H^+ + 4e^-$	$\rightarrow$	$2H_2O$	1.23
$Cr_2O_7^{2-}$	+	$14H^+ + 6e^-$	$\rightarrow$	$2Cr^{3+} + 7H_2O$	1.23
Br_2	+	$2e^-$	$\rightarrow$	$2Br^-$	1.07
NO_3^-	+	$4H^+ + 3e^-$	$\rightarrow$	$NO + 2H_2O$	0.96
Ag^+	+	e^-	$\rightarrow$	Ag	0.80
I_2	+	$2e^-$	$\rightarrow$	$2I^-$	0.54
Cu^+	+	e^-	$\rightarrow$	Cu	0.52
O_2	+	$2H_2O + 4e^-$	$\rightarrow$	$4OH^-$	0.40
Cu^{2+}	+	$2e^-$	$\rightarrow$	Cu	0.34
$2H_3O^+$	+	$2e^-$	$\rightarrow$	$H_2 + 2H_2O$	0.00
Pb^{2+}	+	$2e^-$	$\rightarrow$	Pb	-0.13
Sn^{2+}	+	$2e^-$	$\rightarrow$	Sn	-0.14
Ni^{2+}	+	$2e^-$	$\rightarrow$	Ni	-0.26
Fe^{2+}	+	$2e^-$	$\rightarrow$	Fe	-0.45
Cr^{3+}	+	$3e^-$	$\rightarrow$	Cr	-0.74
Zn^{2+}	+	$2e^-$	$\rightarrow$	Zn	-0.76
$2H_2O$	+	$2e^-$	$\rightarrow$	$H_2 + 2OH^-$	-0.83
Mn^{2+}	+	$2e^-$	$\rightarrow$	Mn	-1.19
Al^{3+}	+	$3e^-$	$\rightarrow$	Al	-1.66
Mg^{2+}	+	$2e^-$	$\rightarrow$	Mg	-2.37
Na^+	+	e^-	$\rightarrow$	Na	-2.71
Ca^{2+}	+	$2e^-$	$\rightarrow$	Ca	-2.87
Ba^{2+}	+	$2e^-$	$\rightarrow$	Ba	-2.91
K^+	+	e^-	$\rightarrow$	K	-2.93
Li^+	+	e^-	$\rightarrow$	Li	-3.04

Increasing Strength of Oxidizing Agent (seta vertical à esquerda)

Increasing Strength of Reducing Agent (seta vertical à direita)

Tabela-2.4: Potenciais de redução padrão para sistemas redutores comuns.

3. Parte experimental

Objectivos da experiência:

Os objectivos da experiência são o estudo das reacções redox através da metodologia de determinação da série eletroquímica de certos elementos (experiência A), a determinação da série de atividade dos halogéneos Cl_2, Br_2 e I_2 (experiência B) e o estudo da ação oxidante do permanganato de potássio ($KMnO_4$) (experiência C).

Materiais e dispositivos necessários:

→ Solução aquosa de nitrato de prata ($AgNO_3$) concentração C = 0,01 M

→ Solução aquosa de acetato de chumbo [$Pb(CH_3 COO)_2$] concentração C = 0,1 M

→ Solução aquosa de sulfato de cobre ($CuSO_4$) concentração C = 0,1 M

→ Solução aquosa de cloreto de magnésio ($MgCl_2$) concentração C = 0,1 M

→ Solução aquosa de cloreto de zinco ($ZnCl_2$) concentração C = 0,1 M

→ Solução aquosa de cloreto de sódio (NaCl) de concentração C = 0,1 M

→ Solução aquosa de iodeto de potássio (KI) de concentração C = 0,1 M

→ Solução aquosa de brometo de potássio (KBr) de concentração C = 0,1 M

→ Cobre metálico (Cu)

→ Zinco metálico (Zn)

→ Magnésio metálico (Mg)

→ Solução aquosa de cloro (água de cloro, Cl_2 - H_2O)

→ Solução aquosa de bromo (água de brometo, Br_2 - H_2O)

→ Solução aquosa de permanganato de potássio ($KMnO_4$) concentração C = 0,01 M

→ Solução aquosa de ácido sulfúrico (H_2SO_4) concentração C = 1,0 M

→ Solução aquosa de oxalato de sódio [$(COONa)_2$] concentração C = 0,1 M

→ Solução aquosa de sulfito de sódio (Na_2SO_3) concentração C = 0,1 M

→ Solução aquosa do sal de Mohr [$(NH_4)_2SO_4 \cdot FeSO_4 \cdot 6H_2O$] concentração C = 0,1 M

→ Tetracloreto de carbono (CCl_4)

→ Água desionizada (H_2O)

→ Sifões numerados e poir

→ Enchimento de sifões e vertedores

→ Pipetas Pasteur e poir

→ Tubos de ensaio e suportes

Procedimento experimental:

A. Determinação da série eletroquímica de certos elementos

i) Em dois tubos de ensaio, são transferidos, respetivamente, 2 ml de uma solução aquosa de nitrato de prata ($AgNO_3$), de concentração C = 0,01 M, e 2 ml de uma solução aquosa de acetato de chumbo [$Pb(CH_3 COO)_2$], de concentração C = 0,1. Em seguida, adiciona-se um pedaço de cobre metálico (Cu) aos dois tubos de ensaio e deixa-se repousar durante 3 minutos. Anotam-se as observações correspondentes, determina-se o sentido das reacções e classificam-se os elementos Cu, Pb e Ag por ordem crescente de eletronegatividade:

$$Cu_{(s)} + AgNO_{3\,(aq)} - Cu(NO_3)_{2\,(aq)} + Ag_{(s)}$$

$$Cu_{(s)} + Pb(CH_3COO)_{2\,(aq)} - Cu(CH_3COO)_{2\,(aq)} + Pb_{(s)}$$

Ordem crescente de eletronegatividade para os elementos Cu, Pb e Ag:

....

ii) Transferem-se para três tubos de ensaio, respetivamente, 2 ml de uma solução aquosa de acetato de chumbo [$Pb(CH_3 COO)_2$], de concentração C = 0,1 M, 2 ml de uma solução aquosa de sulfato de cobre ($CuSO_4$), de concentração C = 0,1 M, e 2 ml de uma solução aquosa de cloreto de magnésio (MgCl), de concentração C = 0,1 M. Em seguida, transfere-se para três tubos de ensaio um pedaço de zinco metálico (MgCl), de concentração C = 0,1 M.1 M e 2 ml de uma solução aquosa de cloreto de magnésio ($MgCl_2$), de concentração C = 0,1 M. Em seguida, adiciona-se um pedaço de zinco metálico (Zn) aos três tubos de ensaio e deixa-se repousar durante 3 minutos. Anotam-se as observações correspondentes, determina-se o sentido das reacções e ordenam-se os elementos Cu, Pb, Zn e Mg por ordem crescente de eletronegatividade:

$$Zn_{(s)} + Pb(CH_3COO)_{2(aq)} - Zn(CH_3COO)_{2(aq)} + Pb_{(s)}$$

$$Zn_{(s)} + CuSO_{4(aq)} - ZnSO_{4(aq)} + Cu_{(s)}$$

$$Zn_{(s)} + MgCl_{2(aq)} - ZnCl_{2(aq)} + Mg_{(s)}$$

Ordem crescente de eletronegatividade para os elementos Cu, Pb, Zn e Mg: ....

iii) Em dois tubos de ensaio, transferem-se, respetivamente, 2 ml de uma solução aquosa de cloreto de zinco ($ZnCl_2$), de concentração C = 0,1 M, e 2 ml de uma solução aquosa de cloreto de sódio (NaCl), de concentração C = 0,1 M. Em seguida, adiciona-se um pedaço de magnésio metálico (Mg) aos dois tubos de ensaio e deixa-se repousar durante 3 minutos. Anotam-se as observações correspondentes, determina-se o sentido das reacções e ordenam-se os elementos Ag, Pb, Cu, Mg, Zn e N a por ordem crescente de eletronegatividade:

$$Mg_{(s)} + ZnCl_{2(aq)} - MgCl_{2(aq)} + Zn_{(s)}$$
$$Mg_{(s)} + NaCl_{(aq)} - MgCl_{2(aq)} + Na_{(s)}$$

Ordem crescente de eletronegatividade para os elementos Ag, Pb, Cu, Mg, Zn e Na:

....

B. Determinar a ordem de reatividade dos halogéneos Cl_2, Br_2 e I_2

Em dois tubos de ensaio, transferem-se 2 ml de uma solução

aquosa de iodeto de potássio (KI), de concentração C = 0,1 M, e num terceiro tubo de ensaio 2 ml de uma solução aquosa de brometo de potássio (KBr), de concentração C = 0,1 M. Depois, com cuidado, transferem-se 3 ml de água de cloreto (Cl_2 - H_2O) para o primeiro e terceiro tubos de ensaio, e 2 ml para o segundo tubo de ensaio de água de brometo (Br_2 - H_2O). Em seguida, introduzem-se cuidadosamente 2 ml em cada um dos três tubos de ensaio de tetracloreto de carbono (CCl_4), com o objetivo de tornar mais distinto o acompanhamento de cada reação, uma vez que este solvente não se mistura com a água (H_2O), formando-se assim duas camadas nos tubos de ensaio. O CCl_4 dissolve melhor os halogéneos, ao contrário do $H O_2$, e, por isso, formam-se cores mais intensas na sua camada. Depois de agitar vigorosamente os tubos de ensaio, anotam-se as observações correspondentes, determina-se o sentido das reacções e classificam-se os halogéneos Cl_2, Br_2 e I_2 por ordem crescente de eletronegatividade:

$$Cl_{2(aq)} + KI_{(aq)} - KCl_{(aq)} + I_{2(aq)}$$

$$Cl_{2(aq)} + KBr_{(aq)} \quad KCl_{(aq)} + Br_{2(aq)}$$

$$Br_{2(aq)} + KI_{(aq)} - KBr_{(aq)} + I_{2(aq)}$$

Série de eletronegatividade crescente para os halogéneos Cl_2, Br_2 e I_2 :

....

C. Estudo da ação oxidante do permanganato de potássio (KMnO)$_4$

Transferir cuidadosamente, para quatro tubos de ensaio, 1 ml de uma solução aquosa de permanganato de potássio ($KMnO_4$), de concentração C = 0,01 M e, em seguida, 2 ml de uma solução aquosa de ácido sulfúrico ($H_2 SO_4$), de concentração C = 1,0 M. Efetuar as seguintes adições:

- No primeiro tubo de ensaio, adicionar 2 ml de uma solução aquosa de oxalato de sódio [$(COONa)_2$], de concentração C = 0,1 M.
- No segundo tubo de ensaio, adicionar 2 ml de uma solução aquosa de iodeto de potássio (KI), de concentração C = 0,1 M.
- No terceiro tubo de ensaio, adicionar 2 ml de uma solução aquosa de sulfito de sódio (Na_2SO_3), de concentração C = 0,1 M.
- No quarto tubo de ensaio, adicionar 2 ml de uma solução aquosa do sal de Mohr [$(NH_4)_2SO_4 \cdot FeSO_4 \cdot 6H_2O$], de concentração C = 0,1 M.

Depois de agitar vigorosamente os tubos de ensaio, as observações correspondentes são registadas na tabela seguinte **(Tabela-2.5)**.

Tabela-2.5: Reacções realizadas nos tubos de ensaio 1 - 4 e observações correspondentes.

Tubo	Reação	Observações
1		
2		
3		
4		

Reacções-Propriedades-Observações:

1)   Na experiência A, os metais Ag, Pb, Cu, Mg, Zn e Na estão ordenados por ordem de eletronegatividade. Em geral, um metal M_1 é mais eletropositivo do que um metal M_2, quando M_1 é mais facilmente oxidado ou correspondentemente mais difícil de reduzir. Em particular, o potencial normal do M_1 é menor do que o potencial normal do M_2. Portanto, a direção da reação $M_1 + M_2 X$ é para a direita. Isso significa que:

$$M_1 + M_2 X \rightarrow M_2 + M X_1$$

A partir da direção da reação, aplicam-se os elementos M_1 e M_2 por ordem de eletropositividade e $M_1 > M_2$.

2)   Na experiência B, a reação geral é utilizada para determinar a reatividade dos halogéneos:

$$X_2 + 2MY \rightarrow 2MX + Y_2 \text{ (sendo X, Y: halogéneos e M: metal}$$
$$\text{monovalente)}$$

No caso em que a direção da reação é para a direita, segue-se que o halogéneo X é mais reativo do que o halogéneo Y, ou seja, o halogéneo X é mais facilmente reduzido do que o halogéneo Y. Por conseguinte, por ordem de eletronegatividade, X > Y é válido.

3)   Nas experiências A e B, em cada caso, deve confirmar-se se a direção das reacções encontradas experimentalmente está de acordo com a prevista com base nos potenciais normais de redução da série eletroquímica dos elementos.

4)   Os halogéneos cloro (Cl_2) e bromo (Br_2) podem ser utilizados em soluções aquosas, denominadas, respetivamente, água

de cloreto (Cl_2 - H_2O) e água de brometo (Br_2 - H_2O). Nas soluções acima referidas existem também iões ClO^- , Cl^- e BrO^- , Br^- , que são formados pelas reacções:

$$Cl_{2(aq)} + H_2O_{(l)} \rightleftharpoons ClO^-_{(aq)} + Cl^-_{(aq)} + 2H^+_{(aq)}$$

$$Br_{2(aq)} + H_2O_{(l)} \rightleftharpoons BrO^-_{(aq)} + Br^-_{(aq)} + 2H^+_{(aq)}$$

5) A tabela seguinte **(Tabela-2.6)** apresenta as propriedades físicas dos compostos da presente experiência.

Tabela-2.6: Propriedades físicas dos compostos.

Composto	Peso molecular (gr/mol)	Ponto de ebuliçã o (º C)	Ponto de fusão (º C)	Densida de (gr/ml)
$AgNO_3$	169.87	440.0	209.7	4.350
$NaCl$	58.44	1465.0	801.0	2.160
$Pb(CH_3 COO)_2$	325.29	-	280.0	3.250
$CuSO_4$	159.60	650.0	110.0	3.600
$MgCl_2$	95.21	1412.0	714.0	2.320
$ZnCl_2$	136.32	732.0	290.0	2.907
CF	166.00	1330.0	681.0	3.130
KBr	119.00	1435.0	734.0	2.740
Cu	Ar: 63.55	2562.0	1084.6	8.960
Senhora	Ar: 65.38	907.0	419.5	7.140
Mg	Ar: 24.30	1091.0	650.0	1.738
Cl_2	70,91	-34.0	-101.5	3.200 (STP)
Br_2	79.91	58.8	-7.2	3.103

				(STP)
KMnO₄	158.03	-	240.0	2.700
H₂ SO₄	98.08	337.0	10.31	1.832
(COONa)₂	134.00	-	260.0	2.340
Na₂ SO₃	126.04	-	33.4	2.633
(NH)₄₂ SO₄ ·FeSO₄ ·6H O₂	284.05	-	115.0	1.860
CCl₄	153.81	76.7	-22.9	1.587

4. Perguntas

1. Escreve as tuas observações durante o processo experimental e preenche as tabelas e reacções correspondentes.

2. Na experiência A, preencha a direção das reacções correspondentes e classifique os elementos por ordem crescente de eletronegatividade.

3. Na experiência A, o sentido das reacções está de acordo com o previsto com base nos potenciais de redução normais da série eletroquímica dos elementos?

4. Na experiência B, preencha a ordem das reacções correspondentes e classifique os halogéneos por ordem crescente de eletronegatividade.

5. Na experiência B, o sentido das reacções está de acordo com o previsto com base nos potenciais de redução normais da série eletroquímica dos elementos?

6. Calcular o volume da solução de cromato de potássio (K_2CrO_{27}), de concentração C = 0,2 M, para a reação completa com 120 ml de solução de cloreto de ferro ($FeCl_2$) de concentração C = 1,0 M, na presença de ácido clorídrico (HCl). A reação não equilibrada é dada: $K_2CrO_{27} + FeCl_2 + HCl \rightarrow CrCl_3 + FeCl_3 + KCl + H_2O$.

7. O peróxido de hidrogénio (HO_{22}) reage com uma solução de permanganato de potássio ($KMnO_4$) acidificada com ácido sulfúrico (H_2SO_4), de acordo com a equação: $HO_{22} + KMnO_4 + H_2SO_4 \rightarrow O_2 + MnSO_4 + K_2SO_4 + H_2O$. a) Complete a reação acima. b) 50 ml de uma solução aquosa de HO_{22} de teor desconhecido descolore no máximo 20 ml de uma solução de $KMnO_4$ com concentração C = 1.0 M acidificada com H_2SO_4. Calcular a % de teor em w / v da solução de HO_{22}. Para HO_{22}, Mr = 34 gr/mol.

5. Bibliografia

1. Pingarrón, José M.; Labuda, Ján; Barek, Jiří; Brett, Christopher MA; Camões, Maria Filomena; Fojta, Miroslav; Hibbert, D. Brynn **(2020)**. "Terminologia dos métodos eletroquímicos de análise (Recomendações IUPAC 2019)". Química Pura e Aplicada. 92 (4): 641–694. doi:10.1515/pac-2018-0109.

2. Petrucci, Ralph H.; Harwood, William S.; Herring, F. Geoffrey **(2017)**. Química Geral: Princípios e aplicações modernas (11th ed.). Toronto: Pearson. ISBN 978-0-13-293128-1.

3. Lehninger AL, Nelson DL, Cox MM **(2017)**. Lehninger Principles of Biochemistry (7th ed.). Nova Iorque, NY. ISBN 9781464126116. OCLC 986827885.

4. Hudlický, Miloš **(1996)**. Reduções em Química Orgânica. Washington, DC: Sociedade Americana de Química. p. 429. ISBN 978-0-8412-3344-7.

5. Hudlický, Miloš **(1990)**. Oxidações em Química Orgânica. Washington, DC: American Chemical Society. pp. 456. ISBN 978-0-8412-1780-5.

6. Bockris, John O'M.; Reddy, Amulya KN **(1970)**. Modern Electrochemistry. Plenum Press. pp. 352-3.

7. Oeters, Franz; Ottow, Manfred; Meiler, Heinrich; Lüngen, Hans Bodo; Koltermann, Manfred; Buhr, Andreas; Yagi, Jun-Ichiro; Formanek, Lothar; Rose **(2006)**. "Ferro". Enciclopédia de Química Industrial de Ullmann. Weinheim: Wiley-VCH. doi:10.1002/14356007.a14_461.pub2.

8. Bartlett, Richmond J.; James, Bruce R. **(1991)**. "Química redox dos solos". Avanços em Agronomia. 39: 151-208.

9. Phillips, John; Strozak, Victor; Wistrom, Cheryl **(2000)**. Química: Concepts and Applications. Glencoe McGraw-Hill. p. 558. ISBN 978-0-02-828210-7.

NOTAS DOS ESTUDANTES

1st EXPERIMENTAÇÃO

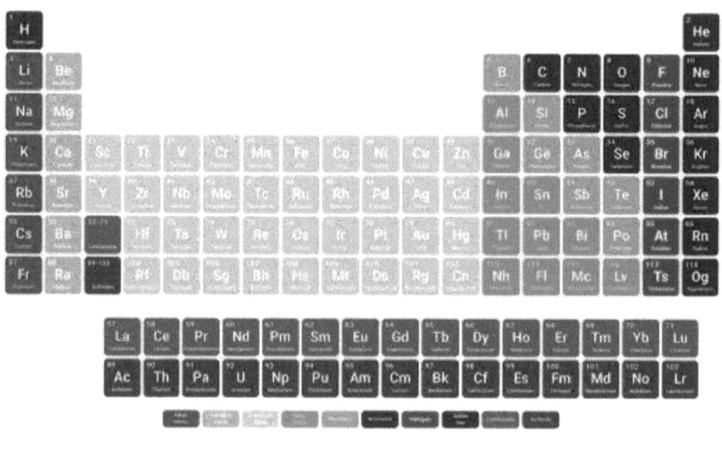

yes
I want morebooks!

Buy your books fast and straightforward online - at one of world's fastest growing online book stores! Environmentally sound due to Print-on-Demand technologies.

Buy your books online at
www.morebooks.shop

Compre os seus livros mais rápido e diretamente na internet, em uma das livrarias on-line com o maior crescimento no mundo! Produção que protege o meio ambiente através das tecnologias de impressão sob demanda.

Compre os seus livros on-line em
www.morebooks.shop

info@omniscriptum.com
www.omniscriptum.com